ATLAS

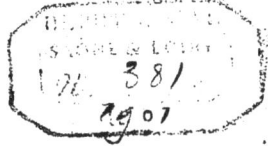

DES

CONFÉRENCES DE PATHOLOGIE VÉGÉTALE

PROFESSÉES A L'INSTITUT NATIONAL AGRONOMIQUE

PAR

le Dr Georges DELACROIX

Maitre de Conférences, Directeur de la Station de Pathologie végétale.

PARIS
LIBRAIRIE MÉDICALE ET SCIENTIFIQUE
JACQUES LECHEVALIER
23, RUE RACINE, 23

ATLAS

DE

PATHOLOGIE VÉGÉTALE

ATLAS

DES

CONFÉRENCES DE PATHOLOGIE VÉGÉTALE

PROFESSÉES A L'INSTITUT NATIONAL AGRONOMIQUE

PAR

le Dr Georges **DELACROIX**

Maître de Conférences, Directeur de la Station de Pathologie végétale.

PARIS
LIBRAIRIE MÉDICALE ET SCIENTIFIQUE
JACQUES LECHEVALIER
23, RUE RACINE, 23

TERATOLOGIE

Fasciation

1. Extrémité fleurie d'une tige de Vipérine (*Echium vulgare*). (Grandeur naturelle.)

2. Extrémité d'une tige de la même plante envahie par la fasciation. (Réduction au quart.)

Pélorie.

3. Fleur normale de Linaire (*Linaria vulgaris*) : *Ep.*, éperon du pétale antérieur. — 4. Diagramme de la même fleur normale. (L'étamine postérieure est absente.)

5. Fleur de la même Linaire présentant le phénomène de la pélorie (Fleur devenue régulière avec 5 pétales éperonnés, 5 étamines, l'étamine postérieure réapparaissant). — 6. Diagramme de la même fleur péloriée : *K*, l'étamine postérieure.

Chloranthie.

(Frondescence ou Phyllodie).

7. Chloranthie d'un Épi de Blé (épillets transformés en feuilles).

8. Épi normal de Paturin bulbeux (*Poa bulbosa*). — 9. Épillet de Paturin bulbeux présentant le phénomène de la viviparité, c'est-à-dire la transformation des épillets en bulbilles (*Poa bulbosa* variété *vivipara*).

TÉRATOLOGIE

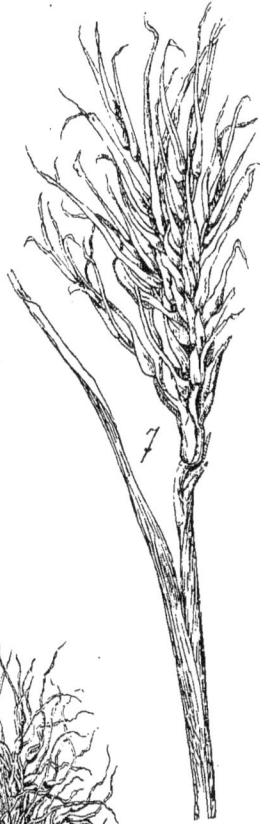

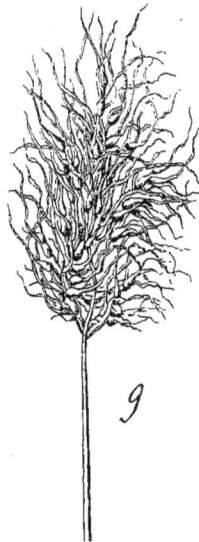

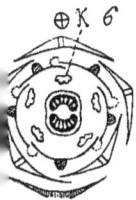

CICATRISATION DES BLESSURES

Formation du Liège cicatriciel.

Liège cicatriciel du tubercule de Pomme de terre. — 1. A la suite d'une plaie intéressant le parenchyme amylifère : *C.s*, cellules amylifères desséchées ; *Sb.s*, liège cicatriciel superficiel desséché ; *Sb.*, liège nouvellement formé, en voie de différenciation ; *C.g.*, couche génératrice du liège ; *P.a.*, parenchyme amylifère. (D'après M. Prillieux, figure inédite.) — 1 *bis*. Formation du liège cicatriciel à son début, mêmes lettres ; *c.d.*, cellules amylifères déchirées par le traumatisme.

2. *Cicatrisation d'une plaie superficielle sur une branche jeune de Poirier* : *Ep*, Épiderme ; *Sn*, suber normal (d'origine épidermique) ; *S.ar*, liège arraché par le traumatisme ; *C.m*, cellules tuées du parenchyme cortical ; *P.c*, parenchyme cortical.

3. *Cicatrisation d'une plaie de la feuille de l'Orpin* (Sedum Telephium) : mêmes lettres. (D'après M. Prillieux, figure inédite.)

CICATRISATION DES BLESSURES (*Suite*).

Thylles.

4. Formation des thylles dans le bois de la Vigne (Coupe transversale du bois) : *Pa*, parenchyme vivant entourant le vaisseau et donnant naissance aux thylles, *Th*, qui font irruption dans la lumière du vaisseau par les ponctuations ; *Fib*, fibres ligneuses ; *R. m*, rayon médullaire.

5. Formation des thylles chez le Robinier Faux-Acacia : mêmes lettres.

Gomme de blessure.

6. Extrémités de tiges coupées envahies par la gomme de blessure. Grossissement 3 diam. : 1, un rameau de Prunier ; 2, rameau de Pêcher. *B.g*, portion brunie de la tige, envahie par la gomme de blessure ; *é*, écorce ; *B*, bois normal ; *m*, moelle.

7. Formation de la gomme de blessure dans la tige de Pêcher : *P.l*, parenchyme ligneux environnant un vaisseau et produisant la gomme *G*, qui s'épanche par les ponctuations dans la cavité du vaisseau ; *Fi*, fibres ligneuses ; *R.m*, rayon médullaire, dont les cellules montrent des masses de matière brune, insoluble, d'apparence gommeuse.

CICATRISATION DES BOUTURES

8. Schéma de la formation d'un bourrelet simple. Les parties vivantes de la tige : parenchyme cortical, *Ec*; liber mou et cambium, L; la moelle, *M*, donnent lieu à la formation de liège cicatriciel, *S. c*; en dessous de ce dernier, *C. m*, cellules tuées par la blessure. Le péricycle sclérifié, P ; le liber dur, D ; le bois, B, s'obturent par des thylles ou de la gomme de blessure, K. — *R. a*, racine adventive apparaissant au dehors.

9. Portion du bourrelet simple d'un Bégonia : *c.d*, cellules déchirées par la blessure; *c.s.*, cellules desséchées; *c g*, couche génératrice du liège cicatriciel.

10. Schéma de la formation d'un bourrelet complexe typique. Les parties vivantes de la tige : *P. c*, parenchyme cortical; *L*, liber mou et cambium; *M*, moelle, prolifèrent et concourent à la formation du bourrelet. Le bois, le liber dur, le péricycle sclérifié s'obturent par la production de gomme de blessure ou de thylles. Le bourrelet se recouvre extérieurement et en regard des régions non bourgeonnantes de la tige par une lame subéreuse, S. — *Pér.*, périderme normal de la tige.

11. Début de la formation d'un bourrelet aux dépens du cambium, *Ca* : *F. j*, fibres ligneuses jeunes; *L. m.*, liber mou.

12 *a*. Une bouture de Rosier, montrant un bourrelet, *Bo*, (grand. naturelle).
12 *b*. La même en coupe longitudinale : M, moelle.

CICATRISATION DES BOUTURES (*Suite*).

12 *c*. Coupe longitudinale d'une portion de bouture de Rosier (le bourrelet se produit aux dépens de la portion extra-ligneuse de la tige) : *S.n*, suber normal de la tige ; *Pa.c*, parenchyme cortical ; *Pé*, péricycle ; *Li*, liber ; *Ca*, cambium ; *F.*, fibres ligneuses ; *V*, un vaisseau ; *M*, moelle ; *Hy*, parenchyme cortical hypertrophié ; *Bo*, bourrelet ; *S*, couche subérisée qui le limite ; *C.v*, cellules vasculaires se différenciant de proche en proche dans le bourrelet à partir du cambium vers la base de la bouture ; *C.ox*, cellules présentant des cristaux tabulaires d'oxalate de chaux.

12 *d*. Portion du même bourrelet : cellules vasculaires se différenciant par îlots ; *Pa. b*, parenchyme du bourrelet ; *C.ox*, cellules à cristaux tabulaires d'oxalate de chaux.

12 *e*. Une cellule vasculaire du bourrelet de Rosier. — 12 *f*, Id.

13 *a*. Bourrelet de Vigne. — 12 *b*. Le même en coupe longitudinale : M, moelle.

13 *c*. Coupe longitudinale grossie d'une portion de bouture de Vigne : *B*, bois de la bouture, rempli par des thylles, *Th*, vers la surface de section ; *L.d*, liber dur ; *L.m*, liber mou ; *Pér.sc*, péricycle sclérifié ; *Pa.c. h*, parenchyme cortical hypertrophié à la base de la bouture ; *T. Hyp*, liber hypertrophié à la naissance du bourrelet. (Ce bourrelet se forme ici surtout aux dépens du liber mou.)

13 *d*. Une cellule vasculaire isolée dans le bourrelet.

CICATRISATION DES BOUTURES (*Suite*).

14 *a*. Portion d'une coupe longitudinale du bourrelet de la Viorne-obier (*Viburnum Opulus*), constitué surtout aux dépens du cambium.

14 *b*. Portion grossie de la figure 14 *a*. Le cambium, *c. g*, se cloisonne activement en dedans et en dehors, à la base de la bouture, pour former le bourrelet ; *Ox*, cristaux d'oxalate de chaux dans les cellules ; mêmes lettres que précédemment pour le reste.

15 *a*. Un bourrelet simple de Pelargonium : *Hy*, partie hypertrophiée du parenchyme cortical à la base de la bouture ; *R. a*, racine adventive ; *Su*, liège cicatriciel.

15 *b*. Portion hypertrophiée du parenchyme cortical à un plus fort grossissement. A la partie profonde dans le voisinage du péricycle, *Pé*, les éléments se cloisonnent exclusivement par des plans longitudinaux.

15 *c*. Portion plus grossie de la fig. 15 *a*, montrant l'état défi- nitif du bourrelet simple dans la partie médullaire de la tige : *C.s*, cellules mortes desséchées ; *S.b*, liège cicatriciel ; *M*, cellules vivantes de la moelle.

(Figures inédites de M. Prillieux.)

CICATRISATION DES BOUTURES (*Fin*).

Cicatrisation d'une bouture de Pétunia.

16 *a*. Coupe longitudinale d'une bouture de Pétunia. (Le bourrelet, *Bo*, se forme en dedans du cylindre ligneux) : *R. a*, racines adventives ; *M.* la moelle. — 16*b*. Portion plus fortement grossie de la figure 16 *a* : B, bois ; *L. i*, liber interne qui donne naissance au bourrelet ; *M.* moelle ; *c. v*, cellules vasculaires.

CICATRISATION DES PLAIES LIGNEUSES

Cicatrisation d'une plaie longitudinale d'une tige de Poirier.

17 *a*. Début de la cicatrisation. — La fente, F, a pénétré jusqu'au bois qui, dans la portion correspondante, s'infiltre de gomme de blessure, *B.G.* De chaque côté de la fente, le bourrelet se développe : B, sa portion extra-ligneuse ; *B. l*, sa portion ligneuse ; *Ca.B*, cambium libéro-ligneux du bourrelet ; *Ca*, cambium normal de la tige ; *L*, liber ; *P.* parenchyme cortical ; *S*, périderme.

17 *b*. Stade plus avancé de la cicatrisation : les deux lèvres du bourrelet se sont soudées dans les parties les plus externes de la fente.

(Figures inédites de M. Prillieux.)

CICATRISATION DES PLAIES LIGNEUSES (*Suite*).

Cicatrisation d'une plaie longitudinale d'une tige de Poirier (*Fin*).

17 *c*. Cicatrisation définitive : Les deux lèvres du bourrelet sont complètement soudées dans le bois et en dehors de lui ; le bourrelet s'est recouvert extérieurement d'une couche de liège cicatriciel. Le bois imprégné de gomme de blessure persiste tel. (Figure inédite de M. Prillieux.)

Plaie longitudinale d'un rameau de Robinier Faux-Acacia.

18. La blessure a atteint le cambium sans l'endommager. La couche génératrice, *C*, fonctionnant normalement, produit par cloisonnement un bourrelet, *B*, qui se subérisera à la périphérie. (D'après Trécul.)

Cicatrisation d'une plaie de grêle de la tige herbacée de Vigne.

19 *a*. État de la plaie en voie de guérison après 4 mois. Le bourrelet se forme de chaque côté. — 19 *b*. Coupe transversale de la tige au niveau de la partie moyenne du bourrelet : *K*, portion de bois mise à nu par la blessure, envahie par des thylles et de la gomme de blessure ; *M*, moelle ; *Fa*, faisceau ligneux ; *R.m*, rayon médullaire ; *T.c*, parenchyme cicatriciel primaire du bourrelet ; *S.b*, liège cicatriciel du bourrelet ; *L.b*, partie profonde du parenchyme cicatriciel se différenciant en liber ; *B. b*, portion ligneuse du bourrelet. (La couche génératrice libéro-ligneuse du bourrelet se relie insensiblement au cambium normal de la tige, *Ca*, de même que le liber et le bois) ; *L.v*, liber vivant ; *C.ph*, couche phellogène ; *Rh*, rhytidome ; *L.m*, liber mort ; *Pé*, péricycle sclérifié ; *Pa.c*, parenchyme cortical ; *Li*, limite du bois formé depuis la production de la blessure.

Bourrelet cicatriciel d'une grosse branche de Chêne.

21. Arbre de 35 ans : Bourrelet à la 3e année qui a suivi la blessure. La lèvre inférieure du bourrelet est toujours moins développée. (D'après M. R. Hartig.)

Cicatrisation partielle d'une large plaie ligneuse de Bouleau.

21. — Section transversale de la tige : *Bl*, portion ligneuse du bourrelet ; *B.g*, portion brunie du bois imprégnée par la gomme de blessure. (D'après M. Frank.)

CICATRISATION DES PLAIES LIGNEUSES (*Suite*).

22. *Cicatrisation d'une plaie longitudinale d'une tige de Tilleul de 7 ans :* Bo, bourrelet ; G, bois imprégné par la gomme de blessure. (Figure inédite de M. Prillieux.)

23. *Cicatrisation des plaies faites à la base d'un jeune tronc de Hêtre par la dent des Rongeurs.* Dans les places, m, où le cambium a été respecté, apparaissent des bourrelets cicatriciels. (D'après M. Schwarz.)

Cicatrisation des plaies d'élagage du Chêne.

24. Début de la cicatrisation (section longitudinale) : la branche coupée au ras du tronc, *Br.g*, est imprégnée par la gomme de blessure, et le bourrelet, *Bo*, apparaît autour de la branche sectionnée.

25. Plaie d'élagage complètement recouverte depuis long-temps par un bourrelet ligneux (section longitudinale). La branche coupée présente encore une faible coloration brune vers sa portion externe, G, due à la gomme de blessure.
(Fig. 24 et 25, d'après M. R. Hartig.)

Cicatrisation d'une greffe par approche naturelle.

Fig. 26. — *Bo*, le bourrelet ; G, portion du bois imprégnée de gomme de blessure.

ACTION DE LA GELÉE

1. F. — Lacunes, *L*, produites par les glaçons dans le parenchyme cortical d'une tige d'*Aucuba japonica* : *Ep*, épiderme de la tige.

2. —Gélivure profonde dans une tige d'Érable champêtre, déjà en voie de cicatrisation par production d'un bourrelet. (Figure réduite, d'après M. Schwarz.)

3. — Section transversale d'un tronc de Chêne, montrant la cicatrisation d'une gélivure profonde, *Gé* ; *Bo*, le bourrelet. (D'après M. R. Hartig.)

4. — Schéma de la production d'une gélivure, *Gé*, et d'une roulure, *R*, dans un tronc.

FORMATION DE LA GOMME

Formation de la gomme chez le Pêcher.

1. — Début de la formation de gomme : *R. m*, rayon médullaire; *G*, lacune récente remplie par la gomme; *c. g*, cellules hypertrophiées en voie de dégénérescence gommeuse. Le parenchyme gummipare, situé en deçà et au delà de la lacune, résulte d'une multiplication active des éléments du bois jeune dans le voisinage du cambium par un cloisonnement surtout tangentiel. Les cellules se dissocient peu à peu par liquéfaction de la membrane intermédiaire; elles s'hypertrophient sensiblement, puis leur paroi propre se liquéfie à son tour. — Fig. 2. Stade plus avancé : un rayon médullaire secondaire, *r. m*, est envahi et un rayon médullaire primaire, *R. m*, commence à multiplier ses éléments en K; *V. é*, vaisseau écrasé par l'hypertrophie des tissus voisins; *B. p*, limites de la portion gommifiée; *B. a*, région saine du bois; *V*, vaisseau. Pour le reste, mêmes lettres que fig 1.

Formation de la gomme chez l'Abricotier.

3. — Même processus, mêmes lettres que fig. 1 et 2. *F.s*, fibres saines.

VERSE

1 *Ve*. — **A**. Coupe transversale d'un chaume de Seigle versé au niveau du deuxième entrenœud à partir de la base : *Ep*, épiderme; *Hyp*, hypoderme. — **B**. La même coupe dans un chaume normal. (Figure inédite de M. Prillieux.)

MALADIES BACTÉRIENNES

Tumeurs de l'Olivier.

1. Portion de rameau d'Olivier, portant des tumeurs. — 2. Tumeurs jeunes sur une petite branche. — 3. Coupe transversale d'un rameau avec une tumeur. (D'après M. Prillieux.) — 4. Coupe longitudinale d'un rameau avec une tumeur. (D'après Savastano) : *Ba*, lacunes avec bactéries. — 5. Coupe transversale dans une tumeur jeune montrant le bord d'une lacune : *D*, éléments entièrement corrodés; *Ba*, bactéries. — 5. Bactéries à un grossissement de 2.500 diam.

Tumeurs du Pin d'Alep.

6. Une tumeur sur un rameau. — 7. Coupe transversale de la tumeur et du rameau. (D'après M. Prillieux.)

Tumeurs du Pin d'Alep (*Suite*).

7 *bis*. Coupe dans une tumeur : *t*, trachéides ; *H*, tissu de nouvelle formation encore vivant; *m*, le même tissu tué par les bactéries autour de la lacune; *z*, zooglées. — 7 *ter*. Bactéries à un grossissement de 2.500 diam.

Gommose bacillaire de la Vigne.

8. Chancre bactérien sur rameau herbacé de Vigne (forme maladie d'Oléron). — 9. Id. (forme gélivure). — 10. Portion d'une coupe transversale de tige âgée de Vigne, montrant les ponctuations brunes, caractéristiques de la maladie. — 11. Portion d'une coupe longitudinale de la même tige montrant les lignes longitudinales brunes correspondant aux ponctuations de la coupe transversale.

Gommose bacillaire de la Vigne *(Suite)*.

12. Coupe transversale du bois montrant la formation de la gomme : *V*, vaisseaux; *R. m*, rayon médullaire; *Fi*, fibres ligneuses; *C. c. v*, cellules du parenchyme ligneux vivant formant autour des vaisseaux une assise d'une seule rangée, interrompue parfois par une fibre. Elles produisent dans leur cavité la gomme *G*, qui s'épanche dans le vaisseau en traversant les ponctuations; *Ba*, bactéries. — 13. Un vaisseau en coupe transversale entièrement obstrué par les thylles, *Th*, (mêmes lettres). — 14. Le même en coupe longitudinale. — 15. Bactéries : au milieu, bactéries isolées; de chaque côté, bactéries réunies par deux (diplobacilles); au milieu, bactéries associées en chaînes (Leptothrix). Grossissement, 2.500 diam.

Maladie du Blé rose.

16. Coupe transversale d'un grain de Blé atteint : *l*, lacune où le tissu de l'albumen a disparu. (D'après M. Prillieux.) — 17. Coupe transversale montrant le bord d'une lacune : en haut, cellules amylifères encore intactes; en bas, cellules marginales de la lacune tuées par les bactéries; *Ba*, amas de bactéries couvrant le bord de la lacune. (D'après M. Prillieux.) — 18. Les bactéries (microcoques). Grossissement, 2.500 diam. environ.

PLANCHE XIV.

Jaunisse bactérienne de la Betterave.

19. Cellules du mésophylle de la feuille d'une Betterave atteinte : *Ch*, plastides chlorophylliens ; *Ba*, bactéries se mouvant dans le protoplasma de la cellule.

Graisse des Haricots.

20. Gousses de Haricots montrant les taches de la « Graisse » : *a*, tache jeune à la pointe de la gousse; *b*, tache plus âgée, vers le milieu de la gousse. — 21. Bactérie : forme s'observant dans la pulpe de la gousse malade et en culture jeune. Gross. environ 2.000 diamètres. — 22. Bactéries : formes observées dans des cultures âgées : *1*, formes en chaînes et en filaments sans cloisons, encore assez courts; *2*, forme spirille allongé; *3*, forme de filament très long, enchevêtré et sans cloisons. Grossissement environ 2.000 diam..

Gangrène de la tige de Pomme de terre et de quelques autres plantes.

23. La bactérie (*Bacillus caulivorus* Prill. et Del. — *Bacillus putrefaciens liquefaciens* Flugge?) Grossissement environ 2.000 diamètres.

ALGUES

Cephaleuros virescens Kunze.

1. Disque de l'Algue sur la face supérieure de la feuille de Caféier de Libéria, grossi deux fois et demi à la loupe. — 2. Coupe transversale de la feuille à l'endroit du disque : *Cut. s*, cuticule de la face supérieure; *Cut. i*, cuticule de la face inférieure; *D.s-c*, disque thallin sous-cuticulaire; *Ep. s*, épiderme supérieur; *Ep. i*, épiderme inférieur; *Pa. m*, portion de la feuille dont les éléments sont tués par les filaments du thalle; *LL'*, limites des tissus morts, *Pa. m*; *Pa. p_1*, *Pa. p_2*, les deux épaisseurs de cellules en palissade; *N*, nervure coupée longitudinalement; *Bo. s*, bourrelet entourant le disque, constitué par le cloisonnement des cellules de la feuille; *P. st*, poils stériles; *P. sp*, poils sporangifères. (Figure un peu schématisée.)

Cephaleuros virescens (*Suite*).

3 *A*. Poil stérile dressé, ayant traversé la cuticule. — 3 *B*. Poil sporangifère jeune. — 3 *C*. Poil sporangifère adulte : *Sp.*, sporange. — 3 *D*. Un sporange mûr isolé : *P*, son pédicelle renflé et incurvé ; *Sp*, zoospores jeunes.

4. Un kyste, *K* (sporange intercalaire ?), inclus dans le disque thallin sous-cuticulaire. — 5. Id. Le kyste s'est vidé au dehors, en perforant la cuticule. — 6. Kystes jeunes, vus dans une coupe tangentielle du disque. — 7. Coupe transversale dans une feuille faiblement envahie. La pénétration des filaments du thalle n'a pas dépassé la première couche de cellules en palissade qui s'est cloisonnée : *C. m*, cellules mortes, à contenu bruni et coagulé. — 8. Un sporange intercalaire, ouvert au dehors, prêt à expulser ses zoospores. En *z*, zoospore isolée, dessinée d'après Cunningham. — 9. Sporange intercalaire jeune, *K*, naissant au sommet d'une ramification dichotomique d'un filament du thalle ; *m*, rameau végétatif voisin, appliqué sur le sporange, sans y adhérer (apparence simulant la fécondation des Péronosporées).

MYXOMYCÈTES

Fuligo septica (*Æthalium septicum*).

1. Une fructification sur la tannée. — 2. Id. Sur une plante en serre. — 3. Id. En coupe (texture aréolée). — 4. Portion de capillitium : *n*, coins nodaux présentant de petits granules de carbonate de chaux. — 5. Le développement de la spore : *a*, spores adultes ; *b*, la germination ; *c*, *c'*, zoospores uniciliées ; *d*, zoospore biciliée (forme rare) ; *e*, un myxamibe ; *f*, un myxamibe en voie de division. (D'après de Bary.). — 6. Un myxamibe volumineux se divisent en deux. — 7. Jeune plasmode : *Ps*, pseudopodes ; *N*, noyaux ; *C.E.*, corps étrangers inclus (Figure schématique). — 8. Myxamibe volumineux. (D'après de Bary). — Un myxamibe enkysté : *V*, vacuoles. (D'après de Bary.)

PLASMODIOPHORÉES

Plasmodiophora Brassicæ.

10. Pied de Chou atteint par la *hernie*. — 11. Cellules d'une racine hypertrophiée montrant la forme jeune (plasmodique) du *Plasmodiophora Brassicæ*. — 12. Le parasite à l'état de spores dans les cellules des portions renflées des racines. Le plasmode (C_1, C_2, fig. 11) est entièrement transformé en spores ; en C_3, spores jeunes, en voie de différenciation ; C_4, spores adultes dans une cellule géante. — 13. Développement de la spore : *sp. g*, spore germant ; *Z*, phase zoospore ; *My*, phase myxamibe. (D'après M. Woronine.)

MACON, PROTAT FRÈRES, IMPRIMEURS

CHAMPIGNONS-OOMYCÈTES
Chytridinées.

Olpidium Brassicæ (Woronine) Dangeard. — 1. Portion d'une coupe transversale de tige de Chou montrant dans la cavité cellulaire, en *a*; les sporanges mûrs, déjà vides de leurs zoospores, en *b*. — 2. Zoospores isolées. (D'après M. Woronine.)

Olpidium Trifolii Schrœter. — 3. Coupe transversale d'une feuille de Trèfle blanc (*Trifolium repens*) : *Ep*, épiderme; *Spg*, sporanges; *ky*, kystes. (D'après M. Woronine.)

Cladochytrium leproides (Trabut) Vuillemin. — 4. Pied de Betterave présentant les tumeurs, *t*, produites par le champignon (réduction au 1/6). — 5. Schéma d'une coupe de la tumeur, montrant les alvéoles remplies de spores. — 6. Mode de formation des spores (sporanges?) : *My*, le mycélium ténu, filamenteux, dépourvu de cloisons; *Sp. f*, spore à membrane colorée en brun (sporange fertile?); *Sp. st*, spore à membrane transparente (sporange stérile?). — 7. Les spores isolées.

Cladochytrium graminis de Bary. — 8. Coupe transversale d'une feuille de Dactyle pelotonné avec un kyste, *K*.

Péronosporées.
Peronospora viticola Berkeley et Curtis.

MILDIOU DE LA VIGNE

1 *a*. Conidiophore sortant par l'ostiole d'un stomate, *S. f* : *St*, stérigmate trifide au sommet portant les conidies (sporanges), *Co*. — *b*, l'extrémité du stérigmate, plus fortement grossie. — *c*, formation des zoospores, par division complète du protoplasma de la conidie (sporange); *z*, la zoospore à deux cils, isolée. — *c'*, la conidie-sporange ouverte, les zoospores en partie expulsés. — *d*, germination de la zoospore par un filament. — *f*, autre mode de germination de la conidie, par émission du protoplasma, *pr*. — *g*, le protoplasma s'entoure d'une membrane. — *h*, le même (fig. 1 *g*) germe par un tube. — *k*, germination directe de la conidie par un tube (mode rare). — *l*, disposition anormale des conidies. (Fig. *c*, d'après M. Millardet; fig. *f, g, h*, d'après M. Viala.)

2. Le mycélium : *2M*, dans la pulpe du raisin, *c, p*, une cellule de la pulpe; *My*, filament du mycélium; *Sc*, suçoirs. — 2 *m*, forme coralloïde du même mycélium.

Péronosporées (Suite).

Peronospora viticola (Suite). — 3. Formation des œufs : *Oog.*, oogone; *Oos.*, oosphère; *Po*, pollinide. — 4. Un œuf isolé. — 5. Germination d'un œuf, par production de filaments conidiophores. (D'après M. Prillieux.)

Peronospora effusa (Greville) Rabenhorst, sur l'Épinard. — 6. Extrémité d'un filament conidiophore : *Co*, conidie.

Peronospora Schachtii Fuckel, sur la Betterave. — 7. Le mycélium, *My*, poussant un suçoir ramifié dans la cavité d'une cellule.

Peronospora Schleideni Unger. — 8. Extrémité d'un conidiophore.

Peronospora gangliformis (Berkeley) de Bary [*Bremia Lactucæ* Regel]. — 9 *a*. Extrémité d'un filament conidiophore. — 9 *b*. Germination de la conidie par un tube.

Phytophthora infestans (Montagne) de Bary. — 10. Feuilles de Pomme de terre, montrant les taches noires, *t*, entourées par une auréole blanche, produites par le parasite. — 11. Extrémité du filament conidiophore. — 12. Le mycélium, *My*, envoyant des suçoirs très ténus, *Sc*, dans les cavités cellulaires. (D'après M. Mangin.)

Phytophthora omnivora de Bary. — 13 *a*. Portion de la coupe transversale d'une feuille de Hêtre, portant des conidies, *Co*, et des œufs, *OE*. (D'après M. R. Hartig.) — 13 *b*. Le mycélium et ses suçoirs, *Sc*. — 13 *c*. Formation de l'œuf. Mêmes lettres que fig. 3. (D'après M. R. Hartig.) — 13 *d*. Germination de l'œuf par formation de conidiophores : *z*, zoospore (uniciliée). (D'après de Bary.)

Cystopus candidus (Persoon) Léveillé. — 15. Coupe transversale dans une feuille de Bourse-à-Pasteur, portant les fructifications conidiennes : *St*, stérigmates. — 16. Une conidie, *Co*, en voie de germination; *z*, zoospore (d'après de Bary). — 17. Germination de l'œuf : le protoplasma de l'œuf se divise en zoospores; l'endospore qui les renferme fait hernie en dehors de l'exospore de l'œuf. (D'après de Bary.)

Cystopus cubicus (Persoon) de Bary. — 18. Un conidiophore et conidies isolés (la terminale à membrane uniformément épaissie; les intermédiaires à épaississement équatorial).

Pythium de Baryanum Hesse. — 19. Filament de mycélium. — 20. Conidies : en place, à gauche; germant par un filament à droite. — 21. Germination des conidies (d'un mycélium poussé à la surface de l'eau) par production de conidies (sporanges) secondaires : en *a*, début; en *b*, phase plus avancée; *z*, zoospores. — 22. Formation de l'œuf : le pollinide à gauche. (D'après M. Hesse.)

BASIDIOMYCÈTES

Agaricus melleus Flora Danica (*Armillaria mellea* Quélet). 1. Fragment de racine de Mûrier blanc portant les rhizomorphes, *Rh* et les réceptacles fructifères, *Ch*, de l'*Agaricus melleus* : *P*, pied ; *An*, anneau (réduit aux 2/3 de grandeur naturelle). — 2. La baside, *Ba*, ses 4 stérigmates, *Sg*, terminés par les spores, *Sp.* — 3. Coupe transversale d'une lame : *Mé*, couche médullaire ; *S.h*, couche sous-hyméniale ; *H*, hyménium. — 4. Le rhizomorphe souterrain, en cordons, à la surface d'une racine (grand. nat.). — 5. Coupe transversale d'un cordon, grossissement faible) : *é*, portion corticale ; *S.c*, portion souscorticale ; *M*, portion médullaire centrale. — 6. Coupe transversale du même cordon (portion périphérique), à un grossissement plus fort.

Polypores.

Polyporus annosus Fries (*Trametes radiciperda* R. Hartig). — 7. Réceptacles fructifères résupinés ayant pris naissance sur de moyennes racines dans le voisinage immédiat du sol (réduit aux 2/3 de grand. nat.). — 8. Conidiophores ramifiés, portant des conidies, *Co*. (D'après M. Brefeld.) — 9. Portion de la coupe transversale d'un tube de l'hyménium : *Ba*, baside ; *Stg*, les stérigmates ; *Sp*, les spores.

Polyporus Pini Persoon (*Trametes Pini* Fries). — 10. Portion d'un rameau de Pin, portant un réceptacle fructifère (réduit aux 2/3 de grand. nat.). — 11. Apparence extérieure d'un fragment de bois attaqué par le mycélium (coloration générale rougeâtre, avec cavités irrégulières tapissées d'un revêtement blanc). — 12. Portion d'hyménium : *Cy*, cystides brunes (stériles).

BASIDIOMYCÈTES (*Suite*).

Polyporés (*Suite*).

13 *a*. *Polyporus hispidus* (Bulliard) Fries, sur Mûrier blanc : *H*, hyménium. — 13 *b*. Baside et spores.

14 *a*. *Polyporus sulphureus* Fries, sur Châtaignier ; 14 *b*. Basides et spores.

15. *Polyporus fulvus* Fries [non Scopoli] sur Prunier.

16. *Polyporus igniarius* (Linné) Fries (*Polyporus fulvus* Scopoli [non Fries]), sur Chêne.

17 *a*. *Polyporus fomentarius* (Linné) Fries (Polypore amadouvier), sur Hêtre. — 17 *b*. La surface de l'hyménium grossie à la loupe.

(Les figures 13 *a*, 14 *a*, 15, 16, sont à demi grandeur naturelle ; la figure 17 *a*, au tiers de grandeur naturelle.)

BASIDIOMYCÈTES (*Suite*).

18. Coupe transversale du bois de Prunier envahi récemment par le *Polyporus fulvus* Fries. Les parties teintées du bois présentent dans leurs éléments surtout les rayons médullaires, *R. m*, les vaisseaux, les cellules du parenchyme ligneux, un mycélium filamenteux brun, *My*, et des amas de matière brune, amorphe, ayant les caractères de la gomme de blessure.

Merulius lacrymans (Wulfen) Schumacher. — 19. Une fructification étalée sur bois de Sapin. — 19 *bis*. Les alvéoles de l'hyménium (grossi 2 fois 1/2 à la loupe). — 20. Le mycélium agrégé en cordons blanchâtres. — 21. Baside et spores (jaunes). — 22. Germination de la spore : *Fg*, filament germinatif. — 23. Filaments du mycélium, montrant les boucles, *bo*.

Hydnum diversidens Fries. — 24. Coupe longitudinale dans une fructification montrant les dents de l'hyménium.

Typhula variabilis Riess. — 25. Fructification basidiospore issue d'un sclérote. — 25 *bis*. Un filament fertile, terminé en baside, *Ba*. — 26. Les sclérotes noirs produits par le mycélium blanc filamenteux. — 27. Coupe dans un sclérote : *Ec*, portion corticale, avec filaments à membrane noire ; *M*, portion médullaire avec filaments à membrane épaisse, hyaline.

BASIDIOMYCÈTES (*Fin*).

28. Fructifications de *Stereum hirsutum* (Willdenow) Fries sur Chêne.

Stereum frustulosum Fries (*Thelephora Perdix* Rob. Hartig). — **29.** Ses réceptacles fructifères sur le Chêne. — **30.** Coupe longitudinale d'un morceau de bois de Chêne, montrant la lésion produite par le mycélium. — **31.** Coupe transversale dans le même bois. (Réduction d'un quart de grandeur naturelle pour les deux figures 30 et 31). — **32.** Basides (hérissées) et spores.

Hypochnus Solani Prillieux et Delacroix. — **33.** Basides et spores.

Exobasidium Vitis (Viala) Prillieux et Delacroix. — **34.** Filament de mycélium produisant une baside *Ba*, avec spores, *Sp*, semblant sessiles. — **35.** Basidiospores isolées. — **36.** Basidiospores germant par production de bourgeons (spores-levûres).

Helicobasidium purpureum (Desmazières) Patouillard, sur racines de Vigne. — **37.** Mycélium, *My*, donnant naissance à des basides *cloisonnées* transversalement, qui produisent de longs stérigmates *St*, et des spores *Sp*.

URÉDINÉES

ROUILLES DES CÉRÉALES

Puccinia graminis Persoon.

1. Feuille d'Épine-Vinette (*Berberis vulgaris*) portant sur sa face inférieure la forme Æcidium (*Æcidium Berberidis*) du *Puccinia graminis*.

2. Coupe transversale schématisée de la même feuille dans la région d'une tache : *F. s*, face supérieure de la feuille ; *P. p*, parenchyme en palissade ; *S*, la portion saine de la feuille, indemne du mycélium, non hypertrophiée ; *Sp*, spermogonie (face sup.) ; *Æ*, œcidium ; *Æ. j*, œcidium jeune (encore fermé).

3. Coupe transversale d'une spermogonie : *P*, poils externes ; *My*, mycélium stromatisé constituant l'enveloppe. (D'après M. Prillieux.)

4. Un stérigmate de la spermogonie, portant à son sommet un court chapelet de spermaties. Grossissement, env. 500.

5. Coupe transversale d'un œcidium : *Æ*, œcidiospore ; *Pé*, péridium ; *My*, mycélium stromatisé externe ; *Sg*, stérigmates. (D'après M. Prillieux.)

6. Coupe transversale d'un réceptacle de l'urédo (*Uredo linearis*) sur la feuille du Blé ; *Ur*, urédospore. (D'après M. Prillieux.)

7. Portion de feuille de Blé portant des téleutospores ; l'épiderme est déchiré. Grossi environ 10 fois. (D'après M. Prillieux.)

8. Coupe transversale de la même : *Té*, téleutospores ; *My*, stroma de mycélium. (D'après M. Prillieux.)

9. Coupe transv. d'une tige de Blé portant des masses de téleutospores. Le mycélium s'est installé dans la région du parenchyme vert : *Té*, téleutospores ; *My*, mycélium, intercellulaire, envoyant quelques courts rameaux (suçoirs) dans les cellules ; *Ep*, épiderme déchiré et soulevé ; *H*, hypoderme sclérifié.

10. Germination d'une spermatie (œcidiolospore), æ.

11. Germination d'une œcidiospore, *E* ; *G*, filament germinatif. (D'après M. von Tavel.)

12. Germination d'une urédospore, *Ur* (4 pores germinatifs équatoriaux). (D'après Tulasne.)

13. *A*, germination de la téleutospore (probaside), *Té* : *Pr*, promycélium ; *Sg*, stérigmates ; *Spd*, sporidies. — *B*, germination de la sporidie, *Spd*. Ses phases successives, 1 et 2.

URÉDINÉES (*Suite*).
ROUILLES DES CÉRÉALES (*Suite*).

Puccinia Rubigo-vera (De Candolle) Winter (*P. straminis* Fuckel). — 14. Portion de feuille de Blé portant un groupe de téleutospores. L'épiderme recouvre la fructification. — 15. Coupe transversale dans un urédo (*Uredo Rubigo-vera*) sur feuille de Blé : *Cutic.*, cuticule; *Pa*, paraphyses; *Ur*, urédospores; *Pé*, leur pédoncule; *My. s*, stroma mycélien. — 16. Coupe transversale dans un groupe de téleutospores, *Té*, sur feuille : *Té₁*, téleutospores unicellulées; *Pa*, paraphyses. — 17 *a*, *b*, *c*. Différentes formes de téleutospores.

Puccinia coronata Corda, sur l'Avoine. — 18 *a*, *b*, téleutospores; en *b*, téleutospore unicellulée.

Puccinia.

Puccinia Asparagi De Candolle. — 19. Une téleutospore.

Puccinia Hieracii Winter (*P. Compositarum* Schlechtendal). — 20. Une téleutospore.

Puccinia bullata (Persoon) Schrœter (*P. Ombelliferarum* De Candolle). — 21. Une téleutospore.

Puccinia Arenariæ Winter. — 22. Une téleutospore.

Puccinia Allii De Candolle. — 23. *a*, *b*, téleutospores; en *b*, téleutospore unicellulée.

Puccinia Porri (Sowerby) Winter. — 24 *a*, *b*, téleutospores.

Puccinia Pruni Persoon. — 25 *a*. Paraphyse et urédospore; *b* et *c*, différentes formes de téleutospores (verruqueuses).

Puccinia Sorghi Schweinitz (*P. Maydis* Bérenger). — 26. Une téleutospore.

Puccinia Malvacearum Montagne. — 27 *a*. Une feuille de Mauve attaquée par la Rouille; 27 *b*. Une téleutospore.

Uromyces.

Uromyces Phaseoli Winter. — 28 *a*. Portion de feuille de Haricot présentant les téleutospores; en *b*, une téleutospore.

Uromyces Fabæ de Bary. — 29. Une téleutospore.

Uromyces Pisi de Bary. — 30. Une téleutospore.

Uromyces Trifolii Léveillé. — 31. Une téleutospore.

Uromyces striatus Schrœter. — 32. Une téleutospore.

URÉDINÉES *(Suite)*.

Rouille des Caféiers.

(Hemileia vastatrix Berkeley et Broome.)

33. Feuille de Caféier (face inférieure) montrant les taches jaunes de la forme urédo.

34. Une touffe d'urédo jeune, sortant par un stomate : *C. m*, cellules marginales du stomate; *My. s*, stroma de filaments mycéliens produisant à leur sommet des urédospores, *Ur*, et, sur le bord, des paraphyses, *Pa*.

35. Urédospores; en *a*, mise au point du microscope faite sur le contenu; en *b*, sur la surface.

36. Début de la germination de l'urédospore.

37. Germination plus avancée : *Fg*, filament germinatif.

38 *a* et *b*. Extrémités renflées de filaments germinatifs. (Fig. 35, 36, 37, 38, d'après M. Marshall Ward.)

39. Groupes d'urédospores : En *a*, vues par dessus. En *b*, par-dessous; *Pa*, paraphyses.

40. Groupe d'urédospores, vues de profil.

41. Pénétration d'un filament germinatif, *Fg*, d'urédospore, pénétrant par un stomate. (D'après M. Marshall Ward.)

42. Coupe transversale d'une feuille de Caféier dans la région d'une tache, montrant le mycélium intercellulaire, *My*, et ses suçoirs, *Sc*, pénétrant les cavités des cellules; *E.s.*. épiderme de la face supérieure.

43. Les suçoirs intracellulaires, *Sc*, du mycélium, *My*. Grossis plus fortement.

44 *a*. Téleutospores.

44 *b*. Leur germination : *Pr*, promycélium; *Stg*, stérigmates; *Spd*, sporidies.

45 *a*. Sporidie mûre détachée; *b*, *c*, *d*, phases successives de sa germination par un filament.

(Fig. 43, 44, 45, d'après M. Marshall Ward.)

Triphragmium Ulmariæ Link. — 46. Germination de la téleutospore. (D'après Tulasne.)

URÉDINÉES (*Suite*).

Rouille du Poirier.

[*Gymnosporangium Sabinæ* (Dickson) Winter (*G. fuscum* OErstedt). — *Ræstelia cancellata.*]

47. Une feuille de Poirier, portant sur la face supérieure du limbe, les spermogonies, *Sp*; sur la face inférieure du limbe (aux places correspondant aux spermogonies), et sur le pétiole les æcidiums (*Ræstelia cancellata*). Grandeur naturelle.

48. La forme *Ræstelia*. En *a*, æcidium encore presque fermé; en *b*, æcidium entièrement ouvert (par dilacération des parois).

49. Schéma d'une coupe transversale d'une portion de l'hypertrophie, *Hy*, de la feuille dans la région d'une galle de *Ræstelia* : *Fi*, face inférieure; *Pa.*, tissu en palissade; *Sp*, spermogonie (æcidiole); *Æ*, æcidium; *L*, sa portion extérieure commençant à s'ouvrir en réseau (grossi 10 fois environ); *Sm*, stroma mycélien; *Stg*, stérigmates des æcidiospores.

50. Portion de la fig. 49, fortement grossie, représentant la partie profonde de l'æcidium : *Pé*, le péridium; *Æ*, æcidiospores mûres, détachées; *Sy*, stérigmates; *St*, stroma limitant l'æcidium dans la partie profonde et latéralement; *P. h.*, cellules du parenchyme hypertrophié, chargées de grains d'amidon et dissociées par le mycélium, *My*.

51. File d'æcidiospores, *Æ* : *i*, isthme séparant les æcidiospores mûres. (D'après M. Sorauer.)

52. Une æcidiospore mûre (finement hérissée).

53. Cellules du péridium dissociées (*b*, fig. 48; *L*, fig. 49).

54. Portion hypertrophiée d'un rameau de Genevrier Sabine portant les masses gélatineuses de téleutospores, *Té*, (forme *Gymnosporangium*). Grossi une fois et demie.

55. Téleutospores isolées.

56. Germination de la téleutospore : *Pr*, promycélium; *Spo*, sporidies.

URÉDINÉES (Suite).

Phragmidium Rubi-Idæi (De Candolle) Karsten, produisant la Rouille du Framboisier. — 57. Portion de coupe transversale de la feuille, passant par un æcidium : *My. s.*, mycélium stromatique ; *Stg*, stérigmates ; *Æ. m*, acidiospores mûres (détachées) ; *P a.*, paraphyses ; *Ep. s.*, épiderme supérieur de la feuille. — 58. Portion de coupe transversale de feuille passant par un urédo (face inférieure de la feuille) : *Ur. m*, urédospore mûre. — 59. Une téleutospore isolée. — 60. Téleutospore de *Phragmidium subcorticium* (Persoon) Winter, sur le Rosier. — 61. Germination de la téleutospore de *Phragmidium Rubi* (Persoon) Winter sur le *Rubus fruticosus*. (D'après Tulasne.)

ROUILLES DES CONIFÈRES
Rouille courbeuse du Pin. — Rouille du Tremble.

[*Melampsora pinitorqua* Rostrup. (*Cœoma pinitorquum* A. Braun. — *Melampsora Tremulæ* Tulasne)].

62. Extrémité d'un rameau de Pin sylvestre atteint par la forme *Cœoma* et courbé en crosse. — 63. Portion de la coupe transversale de tige dans la région atteinte. La forme *Cœma* (æcidium), *Cœ.*, prend naissance dans les tissus de la tige ; les æcidioles (spermogonies), *æ*, sont superficielles. (D'après M. R. Hartig.) — 64. Portion de *Cœoma*, à un grossissement plus fort : *Stg*, stérigmates, issus directement du mycélium ; *I*, isthmes, cellules intermédiaires entre deux æcidiospores successives ; *m*, æcidiospores libres, détachées. (D'après M. R. Hartig.)

65. Portion de la face inférieure d'une feuille de Tremble montrant les taches de l'urédo du *Melampsora*. Grossi. (D'après M. Dietel.) — 66. Coupe transversale dans un urédo : *My. s*, mycélium stromatique ; *Ur*, urédospores ; *Pa*, paraphyses. — 67. Coupe transversale dans la forme à téleutospores, sur feuille de Tremble ; les téleutospores, *Te*, incluses sous la cuticule, *Cutic*. (D'après M. Prillieux.) — 68. Germination de la téleutospore, *Té* : *Pr*, promycélium ; *Spd*, sporidie. (D'après M. Plowright.)

69. Forme urédo du *Melampsora betulina* (Persoon) Desmazières, sur la feuille de Bouleau, en coupe transversale : *Pé*, péridium, formé par la cuticule de la feuille. (Absence de paraphyses.)

URÉDINÉES (Suite).

ROUILLES DES CONIFÈRES (Suite).

Rouille vésiculeuse de l'écorce de Pin sylvestre.

[*Peridermium Pini* (Persoon) Wallroth. —*Coleosporium Senecionis*
(Persoon) Fries
et
Peridermium Cornui Rostrup et Klebahn ?—*Cronartium asclepiadeum*
(Willdenow) Fries.]

70. Rameau de Pin, dont l'écorce présente de nombreuses vésicules
de *Peridermium* (æcidium), *P.* — 71. Une vésicule de *Peridermium*
isolée, en voie de déhiscence. — 72. L'æcidiospore isolée (arrondie).
— 72 *bis*. Branche de Pin attaquée depuis de nombreuses années par
le *Peridermium* de l'écorce. En *a* et a_1, régions où le Peridermium s'est
installé au début. Le mycélium y a depuis longtemps tué le cambium,
et il s'est peu à peu étendu dans le cambium et le bois. (D'après
M. R. Hartig.)
73. Feuille de Dompte-Venin officinal, présentant, sur la face inférieure, l'urédo et les téleutospores (*Cronartium asclepiadeum*). —
74. Coupe transversale de la même feuille : à droite, un urédo seul ; à
gauche, la colonne de téleutospores accolées, *Té*, surgissant du fond
de l'urédo : *Ur*, urédospores ; *My*, le mycélium. — 75. Germination
des téleutospores ; *Pr. j*, le promycélium jeune. (D'après Tulasne.)

Rouille vésiculeuse des aiguilles de Pin sylvestre.

[*Peridermium oblongisporium* (Persoon) Fuckel (*Peridermium Pini
acicola* R. Hartig). —*Coleosporium Senecionis* (Persoon) Fries.]

76 *a*. Feuilles de Pin sylvestre présentant le *Peridermium* (æcidium)
des aiguilles, *P.* — 76 *b*. Une file d'æcidiospores : *I*, une cellule intercalaire (isthme). — 76 *c*. Une æcidiospore isolée (ovale).
77 *a*. Forme urédo du *Coleosporium Senecionis* : *Ur*, urédospores
en chapelet ; détachées et mûres, en *Ur. m.* ; *My. s*, mycélium agencé
en stroma lâche.
77 *b*. Forme à téleutospores, *Té*, du même, germant sur le support
même : *B. g.*, début du filament germinatif. — 77 *c*. Germination
de la téleutospore (absence de promycélium, une seule sporidie par
cellule de téleutospore : *Sg*, stérigmate ; *Spd*, sporidie. (D'après M.
Plowright.)

Rouille vésiculeuse des aiguilles de Sapin pectiné.

[*Peridermium columnare* (Alberti et Schweinitz) Kunze. — *Calyptospora Gœppertiana* J. Kühn.]

78. Aiguille de Sapin pectiné, portant sur la face inférieure la forme
Peridermium à divers états de développement. — 79. Une file d'æcidiospores : *I*, isthme.
80. Une cellule épidermique de la tige de l'Airelle ponctuée (*Vacci-
nium Vitis-Idæa*), portant la forme à téleutospores (*Calyptospora*) : *Té*,
téleutospores en germination. —81. Une cellule épidermique, supposée
vue par le haut et montrant les téleutospores, *Té*, divisées en 4 cellules
par 2 cloisons longitudinales.

URÉDINÉES (*Fin*).

ROUILLE DES CONIFÈRES (*Fin*).

Rouille des aiguilles et Balais de Sorcière du Sapin pectiné.

[*Æcidium (Peridermium) elatinum* Alberti et Schweinitz.]

82. Branche de Sapin pectiné portant vers son extrémité un rameau sain, *S*, et plus bas un *balai de sorcière* dressé, *Ba*. — 83. Aiguille de la portion *Ba*, portant les æcidiums. — 84. Branche de Sapin montrant les plaies (*chaudrons*) résultant de la destruction des tissus de l'écorce par le mycélium, après la chute du balai de sorcière.

Rouille vésiculeuse des aiguilles d'Épicéa.

[*Æcidium (Peridermium) abietinum* Alberti et Schweinitz. — *Chrysomyxa Rhododendri* (De Candolle) de Bary.]

85. File d'æcidiospores (sur les aiguilles d'Épicéa) : *Æ*, æcidiospore ; *i*, isthmes. (D'après de Bary.) — 86. Téleutospores (sur Rhododendrons), au début de leur germination. — 87. Téleutospores ayant germé, les sporidies se sont détachées. (D'après de Bary.)

Rouille orangée des aiguilles d'Épicéa.

[*Chrysomyxa Abietis* (Wallroth) Unger.]

89. Touffe de téleutospores, *Té*, faisant irruption en déchirant l'épiderme, *Ep*. — 90. Germination de la téleutospore.

USTILAGINÉES

Ustilago.

CHARBONS

Ustilago Maydis (De Candolle) Corda. — 1. Tumeur charbonneuse remplaçant un épi femelle. — 2. Tumeurs charbonneuses à la base de chaume. — 3. *Id.*, sur une feuille et sur sa gaine. — 4. Fleur femelle charbonnée et hypertrophiée, ainsi que les bractées; *S*, style. (Grossi). — 5. Coupe transversale de la même, au moment de la formation des spores. (D'après Tulasne.) — 6. Mycélium, *My*, dans l'intérieur d'une cellule. — 7 *a* et *b*. Mode de formation des spores. La paroi du filament mycélien fructifère se gélifie et s'étrangle autour des masses plasmatiques qui sont le rudiment des spores. (D'après M. Prillieux.) — 8. Germination de la spore, *Sp*, dans l'eau : *Pr*, promycélium ; *Spd*, sporidies naissant aux cloisons. — 9. Sporidie se développant sous forme de levûres dans un milieu nutritif. — 10. Germination de la sporidie par un filament dans l'air humide. (D'après M. Brefeld.)

Ustilago Tritici Jensen. — 11. Épi de Blé charbonné au moment de la maturité. Les fleurs sont entièrement détruites.

Ustilago Avenæ (Persoon) Rostrup. — 12. Panicule d'Avoine ordinaire charbonné : les bractées (glumelles et parfois glumellules) subsistent seules. — 13. Germination de la spore à l'air humide par production d'un promycélium, *Pr*, et de sporidies, *Spd*. — 14. Germination de la sporidie. — 15. *Id.*, avec anastomose des filaments germinatifs de plusieurs sporidies. — 16. Spore germant dans l'eau. Le promycélium donne naissance directement à des tubes de germination.

(Fig. 13, 14, 15, 16, d'après M. Brefeld.)

USTILAGINÉES (*Suite*).

CHARBONS (*Suite*).

Ustilago Hordei Brefeld. — 17. Épi d'Orge charbonné. — 18. Germination de la spore par un promycélium rameux. (D'après M. Brefeld.)

Ustilago Sorghi (Link) Passerini. — 19 *a*. Une fleur femelle du Sorgho commun dépourvue de ses glumelles, charbonnée et remplie de spores. — 19 *b*. Coupe transversale de la columelle, figurée en 20 (*Co*) : *Fa*, un faisceau libéro-ligneux. — 21. Autre apparence de fleur femelle charbonnée avec des digitations à son sommet. — 22. La columelle correspondant à la fig. 21, ramifiée vers son sommet. — 23. Germination des spores : *a*, germination de la spore par un promycélium ramifié se dissociant en articles ; *b*, deux germinations dont les promycéliums se sont anastomosés ; *c*, le promycélium n'est pas ramifié ; *d*, articles isolés du promycélium ; *e*, *f*, *g*, *h*, autres germinations de spores : le promycélium cloisonné donne des sporidies fusoïdes, *Spd*, et en *h*, un filament qui se désarticule (*a*, *b*, *c*, *d*, germinations dans l'eau ; *e*, *h*, dans l'air humide ; *f*, *g*, dans le liquide nutritif de Brefeld). — (D'après M. Prillieux.)

Ustilago Panici-miliacei (Persoon) Winter. — 24 *a*. Germination d'une spore dans l'eau, le promycélium donne des tubes de germination. — 24 *b*. Germination dans un liquide nutritif ; les filaments issus du promycélium donnent des conidies aériennes, *l*. (D'après M. Brefeld.)

Tilletia.

CARIE

[*Tilletia caries* (De Candolle) Tulasne et *Tilletia levis* Kühn.]

25 *A*. Un grain de Blé sain. — 25 *B*. Un grain de Blé carié par le *Tilletia caries*. — 25 *C*. Grain de Blé carié par le *Tilletia levis*. — 25 *D*. Sa coupe longitudinale. — 25 *E*. Spore de *Tilletia caries*. — 26 *A*. *B*. *C*. Spores de *Tilletia levis*.

Tilletia caries. — 27 *a*, *b*. Stades divers de la formation des spores, à l'extrémité de courts rameaux latéraux. — 28. Germination de la spore : *Spd*, sporidies anastomosées en H. (D'après Tulasne.) — 29. Sporidie secondaire germant par un tube. — 30. Couple de sporidies germant par une sporidie secondaire en *A*, par un tube en *B*. — 31 *A*. Sporidie donnant une courte sporidie secondaire. — 31 *B*. Fragment de mycélium, *My*, produit par la germination des sporidies primaires sur un liquide nutritif et produisant des sporidies, *K*, identiques aux sporidies secondaires. — 32 *A* et *B*. Chlamydospores colorées, isolées en *S*, s'organisant aux dépens du même mycélium, dans l'eau. (D'après M. Brefeld.)

USTILAGINÉES (*Fin*).

Urocystis occulta (Wallroth) Rabenhorst, sur le Seigle. — 33. Seigle charbonné portant les lignes noires, *L*, chargées de spores, sur les feuilles, les gaînes, les glumes. — 34. Une spore isolée : *F*, les cellules fertiles ; *St*, cellules stériles à membrane hyaline. — 35. Germination de la spore, par un promycélium, *P*, non cloisonné, terminé par un bouquet de sporidies, *Spd*.

Urocystis Cepulæ Frost. — 37. Pied d'oignon charbonné présentant les lignes noires, *L*, chargées de spores. — 38. La spore. — 36. La spore germant, les sporidies germent sur place par un tube, *C*.

Entyloma Ranunculi (Bonorden) Schræter. — 39. Coupe transversale dans une feuille de Ficaire envahie. Le mycélium, *My*, produit des conidies extérieures fusoïdes, *Co*, et des spores (kystes), *Sp*, à membrane épaisse, dans l'intérieur des tissus. — 40. Formation des spores se produisant en courtes files : *a*, spores mûres ; *b*, en formation ; *c*, mycélium en voie de différenciation.

Entyloma microsporum (Unger) Schræter, sur les Renoncules. — 41. Germination de la spore. Le promycélium donne à son extrémité 4 sporidies qui s'anastomosent deux à deux à leur sommet. — 42. Germination des sporidies sur place. Chaque paire produit une sporidie secondaire, *C*. (D'après de Bary.)

Graphiola Phœnicis (Mougeot) Poiteau. — 43. *A*. Portion de feuille de Phœnix présentant les fructifications discoïdes du parasite. Grossi deux fois. — 43 *B*. Une fructification grossie trente fois environ. — 44 et 45. Coupe transversale dans une fructification : *Pé. ex*, péridium externe très coloré ; *Pé. i.*, péridium interne formé de filaments d'un jaune brunâtre ; *F. in*, filaments initiaux prenant naissance sur le mycélium, formés d'articles qui produisent par bourgeonnement les initiales des spores, divisées en deux, en *K* ; *Fi. st*, filaments stériles (capillitium) formés de filaments cloisonnés accolés. (La fig. 45 est à un grossissement double de celui de la fig. 44.) — 46. *a*, un filament initial donnant par bourgeonnement les initiales de spores, *I. S.* — 46 *b*, 1 et 2, division des initiales en deux pour produire les spores. — 47. Germination de la spore par production d'une sporidie. — 48. Germination de la sporidie par un filament, *Fg*. — 49. Germination directe de la spore par un filament, *Fg*, qui se ramifie et se cloisonne.

MACON, PROTAT FRÈRES, IMPRIMEURS

ASCOMYCÈTES

EXOASCÉES

Exoascus

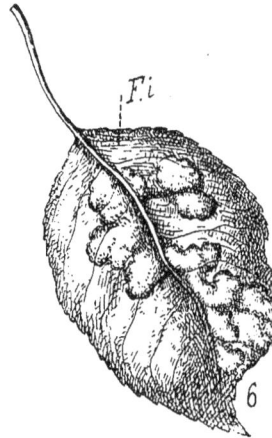

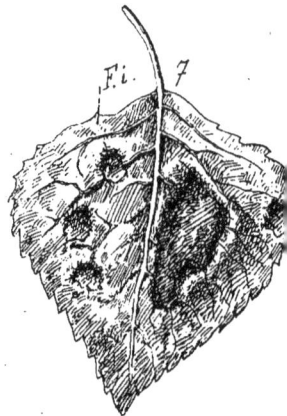

ASCOMYCÈTES

EXOASCÉES

EXOASCUS

(Cloques et Balais de Sorcière).

Fig. 1. — Feuille de Pêcher atteinte de la maladie de la « Cloque » produite par l'*Exoascus deformans* (Berkeley) Fuckel : *F.s.*, face supérieure portant les asques.

Fig. 2. — Feuilles de Cerisier attaquées par une « Cloque » due à l'*Exoascus Cerasi* (Fuckel) Sadebeck : *F. s.*, portion renflée de la face supérieure, où se trouvent les asques.

Fig. 3. — Balai de sorcière sur rameau de Cerisier, produit par l'*Exoascus Cerasi*.

Fig. 4. — Prunes déformées et stérilisées (pochettes), *a*, *b*, *c* par l'*Exoascus Pruni* Tulasne ; les asques se trouvent à leur surface.

Fig. 5. — Portion d'inflorescence femelle de l'Aulne attaquée par l'*Exoascus alnitorquus* Tulasne (*E. Alni* R. Hartig. — *E. amentorum* Sadebeck) : *F. s.*, un chaton sain ; *F. p.*, chatons parasités à des degrés divers. (D'après M. Rob. Hartig.)

Taphrina.

Fig. 6. — Feuille de Poirier attaquée par la « Cloque » du *Taphrina bullata* (Berkeley et Broome) Tulasne. A la face inférieure, *F.i.*, sur les portions concaves se trouvent les asques.

Fig. 7. — Feuille de Peuplier pyramidal attaquée par la « Cloque » de *Taphrina aurea* (Persoon) Fries. Sur les surfaces concaves de la face inférieure, *F. i.*, se trouvent les asques.

Fig. 8. — Coupe transversale d'une feuille de Pêcher attaquée par l'*Exoascus deformans* :

Cutic. s, cuticule supérieure ; *As*, asque mûr avec ses huit spores, *Sp* ; *As. l.*, asque dont les spores sont en voie de bourgeonnement dans la cavité même ; *As. d*, asque déhiscent montrant la sortie des spores ; *Ba*, la cellule basilaire de l'asque ; *As. j*, asque jeune, où les spores et la cloison basilaire ne sont pas encore différenciés ; *Ep*, épiderme ; *Pa. h*, parenchyme hypertrophié et dépourvu de chlorophylle dans la région cloquée ; *My*, le mycélium. (Grossissement environ 360.)

Fig. 9. — Spores de l'*Exoascus deformans* issues de l'asque et germant par bourgeonnement (formes levures). (Grossissement 600 environ.)

Fig. 9 *bis*. — Germination des spores par production de filaments sur feuilles de Pêcher. (D'après M. Newton B. Pierce.)

Fig. 10. — Asque de l'*Exoascus Pruni* : I, encore jeune ; II, les spores bourgeonnant en levures ; III, asque en voie de déhiscence. (Grossissement 450.)

Fig. 11. — Asques de *Taphrina aurea* (Persoon) Fries : *As*, asque adulte dont les spores ont bourgeonné en levures ; *As.j*, asque jeune, les spores ne sont pas différenciées (absence de cellule basilaire dans l'asque). (Grossissement 440.)

DISCOMYCÈTES

Rhizina undulata (Persoon) Fries.

(Maladie du rond des pinières.)

1. Cupule de *Rhizina undulata* ; sa face supérieure.

2. Face inférieure de la même, fixée au sol par les rhizoïdes, *Rh*.

3. Coupe longitudinale de la même ; *Hym*, l'hyménium (asques et paraphyses).

4. Système radiculaire d'un jeune Pin maritime envahi par le mycélium de *Rhizina undulata*.

5. Portion d'hyménium : *As*, asque ; *Pa*, paraphyses ; *T. s*, tubes secréteurs bruns ; *M. b.*, matière brune recouvrant l'hyménium.

6. Spores. (Grossissement environ 600.)

7. Germination de la spore *Sp*, par un filament, *F. g*.

Planche XXXIV

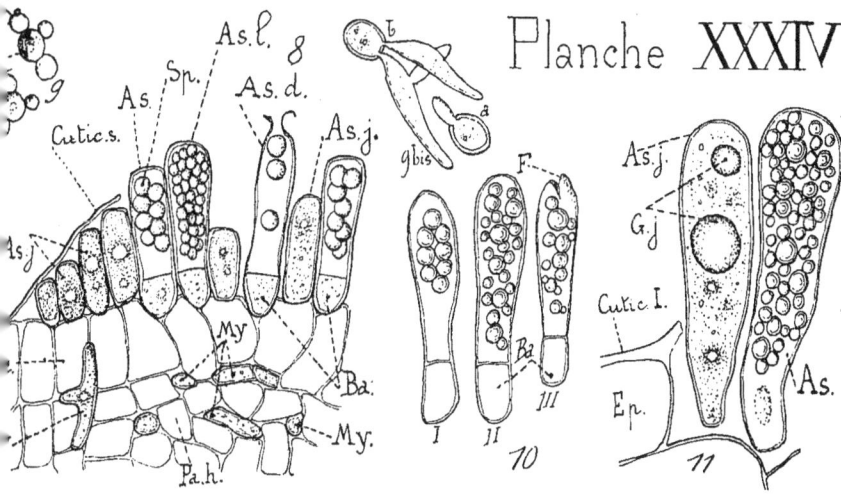

DISCOMYCÈTES

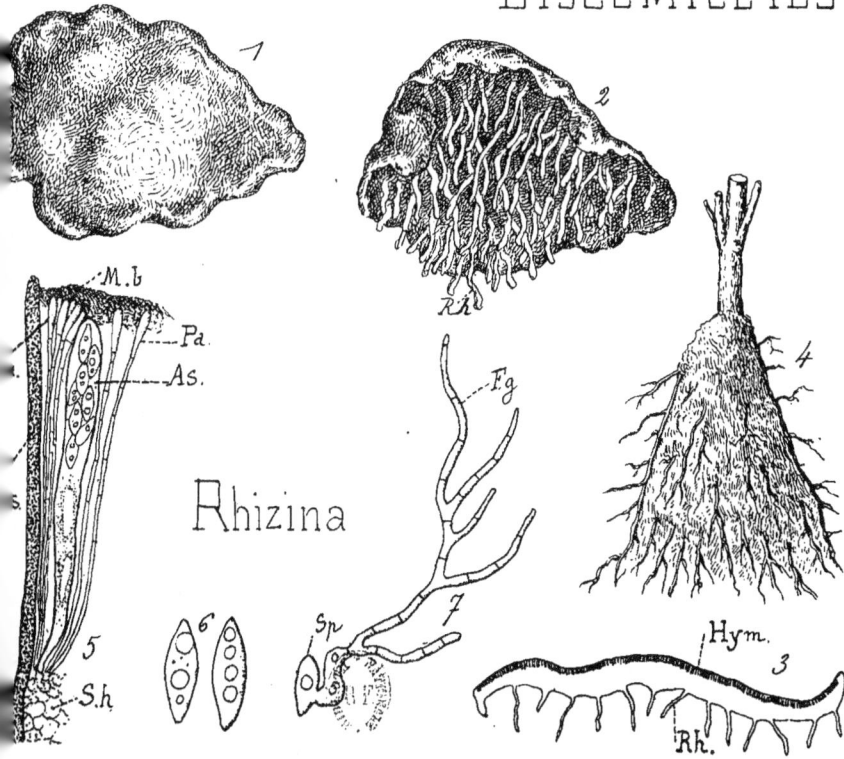

Rhizina

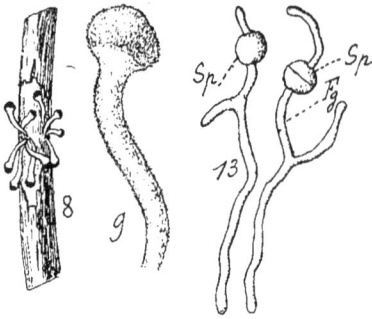

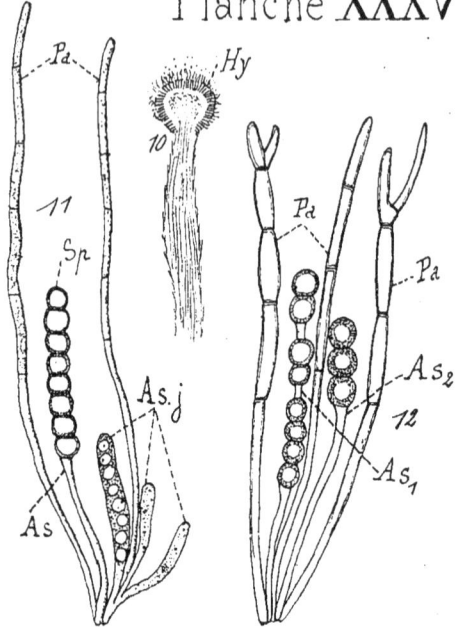

Rœsleria

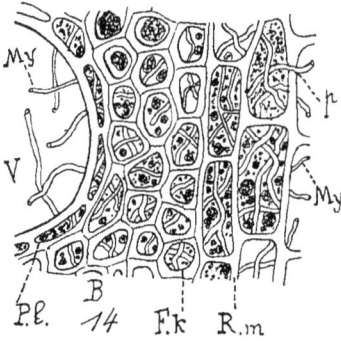

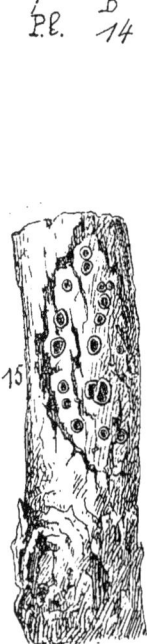

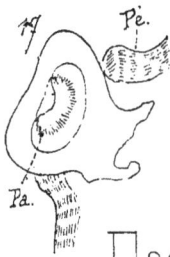

Dasyscypha

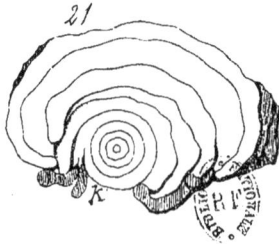

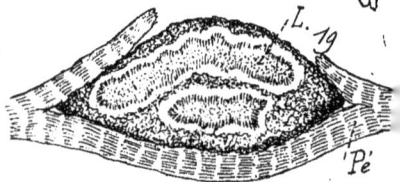

DISCOMYCÈTES (Suite).

Rœsleria hypogea (Persoon) von Thümen et Passerini (*Calicium pallidum* Persoon. — *Pilacre subterranea* et *Pilacre Friesii* Weinmann. — *Vibrissea hypogea* Richon et Le Monnier. — *Rœsleria pallida* Saccardo).

8. Racine de Vigne atteinte de pourridié, morte et portant des fructifications (grossi 2 fois). — 9. Un réceptacle isolé, grossi environ 10 fois. — 10. Id., en coupe longitudinale : *Hy*, hyménium. — 11. Portion d'hyménium : *As*, asque adulte ; *Sp*, ascospores ; *As. j*, asques jeunes ; *Sp*, spores ; *Pa*, paraphyses. — 12. Portion d'hyménium plus âgé : As_1, asque au moment de la diffusion des spores ; As_2, les spores sont en grande partie dissociées ; *Pa*, paraphyses bifurquées au sommet. — 14. Portion du tissu de la racine (coupe transversale) infiltré par le mycélium, *My* : *V*, vaisseau ; *B*, bois ; *F k*, fibre ligneuse ; *P l*, parenchyme ligneux ; *Rm*, rayon médullaire ; *p*, ponctuation, traversée par un filament mycélien.

CHANCRE DU MÉLÈZE
Produit par le *Dasyscypha Wilkommii* R. Hartig.

15. Branche de Mélèze portant les fructifications. — 16. Coupe longitudinale de la pézize avec son support : *Hy*, hyménium ; *Pé*, périderme. — 17. Coupe longitudinale de la pézize jeune ; *Pa*, hyménium formé uniquement de paraphyses. — 18. Un asque, *As*, avec ses 8 spores, *Sp*, et paraphyse, *Pa*. — 19. Coupe transversale dans une spermogonie : *L*, une des loges. — 20. Portion d'hyménium de la spermogonie (grossissement 800 diam. environ) ; *Spg*, spermaties, portées sur de longs stérigmates. — 11. Coupe transversale réduite d'une tige atteinte : *K*, place du chancre. (D'après M. R. Hartig.)

DISCOMYCÈTES (Suite).

Ciboria.

(Pezizes à sclérotes).

a. Sclerotinia.

Sclerotinia Libertiana (Mlle Libert) Fuckel (*Peziza Sclerotiorum* Mlle Libert). — 22. Portion de tige de Haricot portant le mycélium et des sclérotes externes *S. e* et internes *S. i.* — 23 *a* et 23 *b*. Sclérotes isolés (grandeur naturelle). — 23 *c*. Coupe d'un sclérote : *Ec.*, écorce à cellules noires ; *M. c*, mycélium central, montrant les filaments hyalins à paroi épaisse coupés dans toutes les directions. — 24, 25. Extrémités des filaments mycéliens formant suçoirs et appliqués sur une plaque de verre. (D'après de Bary.) — 26. Sclérote, *Sc* (une portion) produisant un début de pézize, *P.* — 27. Un sclérote avec de nombreuses pezizes (grandeur naturelle). — 28. Un asque et paraphyses. — 29. Deux spores. (Grossissement environ 750 diam.) — 30. Une spore germant. — 31. Extrémité de l'asque vide, déhiscence fimbrée. (D'après un dessin inédit de M. Ém. Boudier.)

Sclerotinia Fuckeliana (de Bary) Fuckel (*Peziza Fuckeliana* de Bary). Pourriture grise, Toile sous sa forme conidienne : *Botrytis cinerea* Persoon. — 32. Bouture de Vigne portant des sclérotes, *Sc.* — 33. Un groupe de filaments conidiens fructifères. (Grossissement faible.) — 34. Filament conidien fructifère portant des grappes de conidies, *Co.* — 35. Extrémité d'un rameau conidifère, montrant les conidies portées sur de fins stérigmates. — 36. Un sclérote. — 37. Un sclérote portant une pezize. — 38. Une pezize grossie environ 16 fois. — 39. Asque et paraphyses.

Sclerotinia Trifoliorum Eriksson (*Sclerotinia ciborioides* Rehm). — 40. Sclérote portant des pezizes (grossi 4 fois). — 41, 42, 43. Germinations d'ascospores par production de sporidies secondaires. (D'après M. Brefeld.)

———

Ciboria

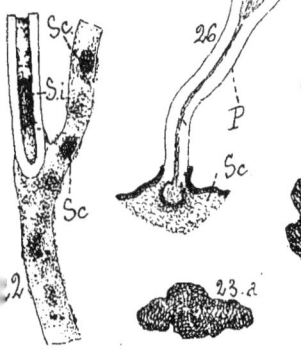

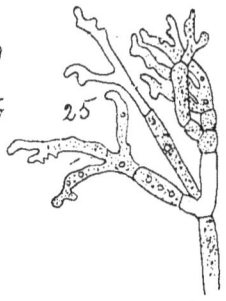

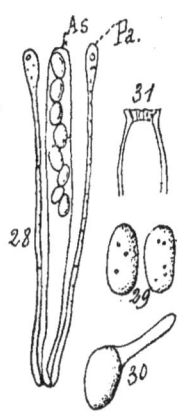

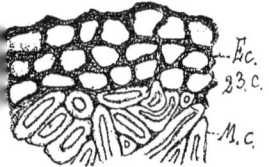

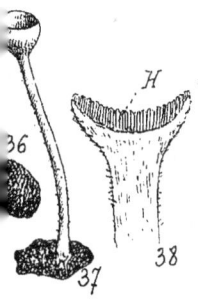

Sclerotinia

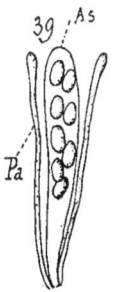

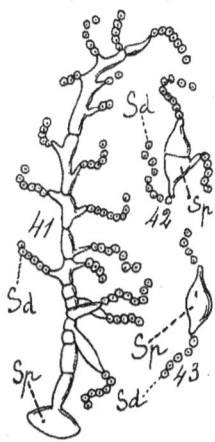

Planche XXXVII

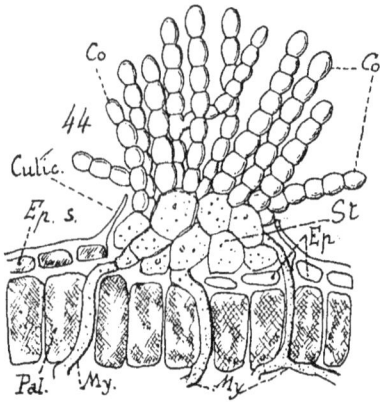

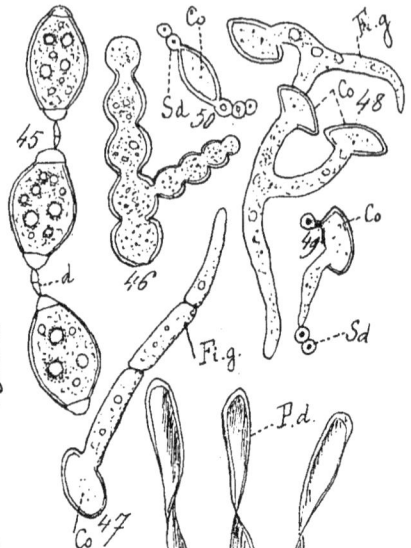

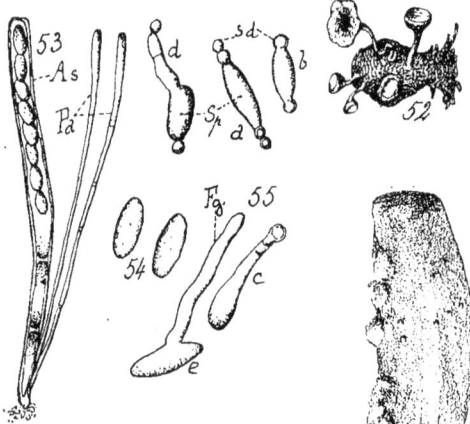

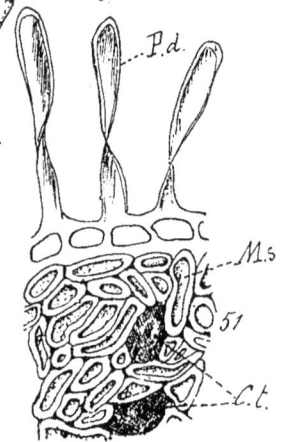

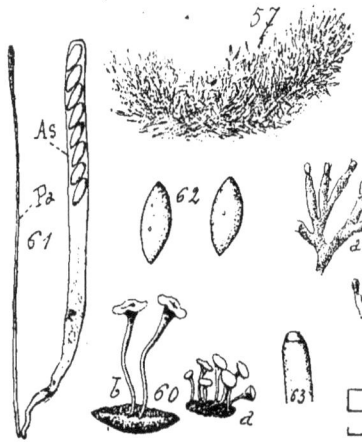

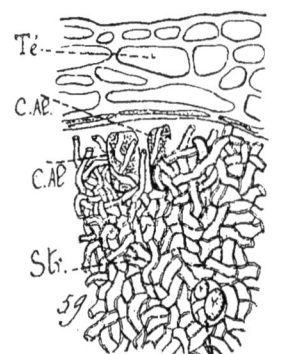

Stromatinia

Ciboria (*Suite*).

b. Stromatinia.

Stromatinia Cydoniæ Prillieux et Delacroix (*Stromatinia Linhartiana* Prillieux et Delacroix. — *Sclerotinia Cydoniæ* Schellenberg). — 44. Coupe transversale d'une feuille de Coignassier à l'endroit d'une fruc-tilication conidienne de la forme *Monilia* : *Ep. s*, épiderme de la face supérieure de la feuille ; *Cutic.*, cuticule ; *Pal.*, cellules en palissade ; *My*, mycélium ; *St*, stroma ; *Co*, conidies en chaînes. — 46. Conidies mûres encore en chaînes ; *d*, disjunctor. — 46. Conidies jeunes en chaîne ramifiée. — 47. Germination en tube d'une conidie (sur le stigmate de Coignassier). — 48. Id. ; plusieurs tubes germinatifs s'anastomosent. — 49, 50. Germinations de conidies dans l'eau. — 51. Coupe trans-versale d'un jeune fruit pénétré par le mycélium (momifié) : *P. d.*, poils du fruit ; *M. s*, mycélium stromatique (filaments coupés en tous sens ; *C.t*, cellules tuées persistant. — 52. Fruit momifié produisant au printemps suivant des pezizes. — 53. Asque octospore *As*, et para-physes *Pa*. — 54. Ascospores. (Grossissement environ 400.) — Fig. 55. Germinations d'ascospores : *a, b, c*, dans l'eau ; *c, e* sur la feuille de Coignassier.

Stromatinia temulenta Prillieux et Delacroix (produisant la « maladie du Seigle enivrant »). — 56. Grain de Seigle attaqué produisant des conidies (Forme *Endoconidium* Prillieux et Delacroix) (grossi environ 12 fois). — 57. Fructification conidienne (grossis-sement faible). — 58. Filaments fructifères de la forme *Endoconidium* (conidies en courte file, se produisant à l'intérieur et vers l'extrémité d'un filament ouvert). — 59. Coupe d'un grain de Seigle momifié : *Té*, tégument ; *C.Al*, cellule à aleurone ; *Alb.*, cellule de l'albumen avec grains d'amidon ayant persisté ; *Str.* stroma. — 60. Grains de Seigle produisant des pezizes : *a*, grandeur naturelle ; *b*, grossi 2 fois. — 61. Asque octospore, *As*, et paraphyses, *Pa*. — 62. Ascospores isolées. (Grossissement 400.)

DISCOMYCÈTES (Suite).

Monilia fructigena Persoon. — 64 a. Une Prune envahie portant les fructifications. — 64 b, coupe transversale d'une fructification : *Co*, conidïes en chaînes ; *Str.*, stroma ; *Cutic.*, cuticule du fruit. — 65. Une conidie isolée. (Grossissement 600 environ.)

Pseudopeziza Trifolii (Bivona) Fuckel. — 66. Une foliole de Luzerne ordinaire présentant les fructifications. — 67. Une fructification isolée, grossissement très faible. — 68. Coupe transversale de la feuille dans la région d'une fructification ascospore (face supérieure) : *Fe*, tissu normal de la feuille ; *St*, stroma mycélien remplaçant les tissus de la feuille ; *C. p*, cellules du parenchyme foliaire ayant persisté dans le stroma ; *Hy*, hyménium ascospore ; *Sh*, couche sous-hyméniale. — 69. Asque octospore *As*, et paraphyse, *Pa*. — 70. Germination de l'acospore, *Sp* (d'après M. Brefeld). — 71. Mycélium issu d'une spore germée et portant des conidies *Co*.

Rhytisma acerinum Fries. — 72. Feuille d'Érable Sycomore (*Acer pseudoplatanus*) portant les stromas encore stériles du parasite à la fin de l'été. — 73. Fructifications ascospores après l'hiver, sur les taches (grossissement faible). — 74. Coupe transversale dans une tache présentant, à gauche, la forme à spermogonies (*Melasmia acerina* Léveillé) ; à droite, une fructification ascospore ouverte : *St*, stroma mycélien ayant progressivement remplacé le tissu de la feuille. — 75. Portion de spermogonie montrant les stérigmates longs et grêles terminés par des spermaties allongées. — Un asque octospore, *As*, et les paraphyses *Pa*.

76. Portion de feuille d'Érable plane (*Acer platanoïdes*) montrant les stromas de *Rhytisma punctatum* pendant l'été.

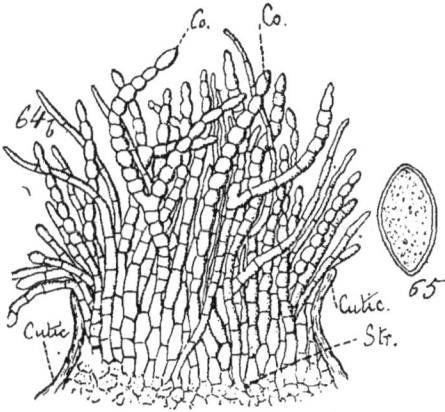

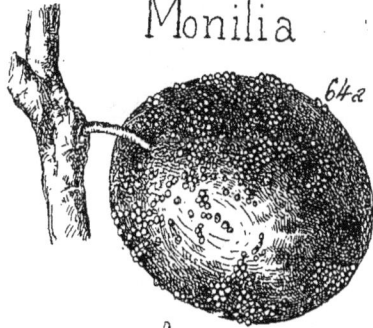

Pseudopeziza

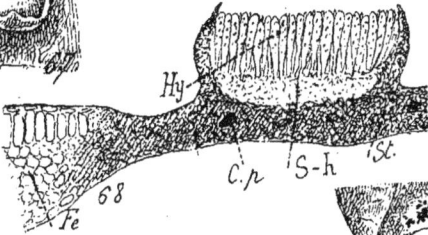

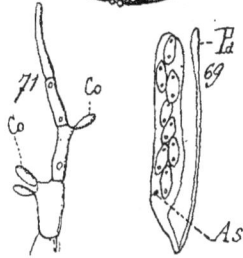

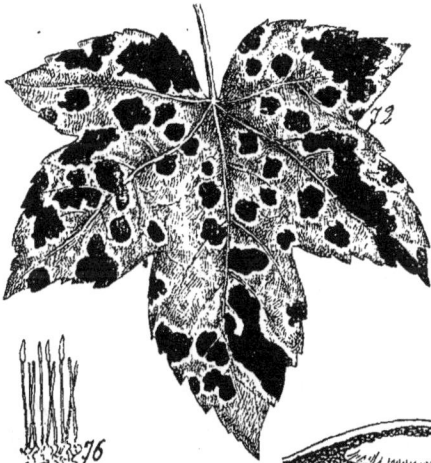

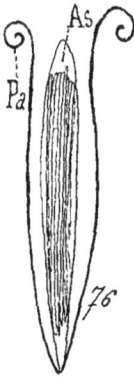

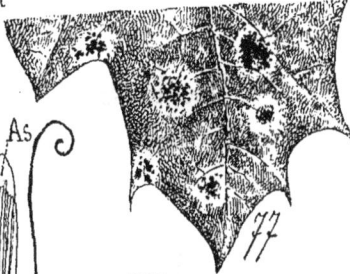

Rhytisma

4

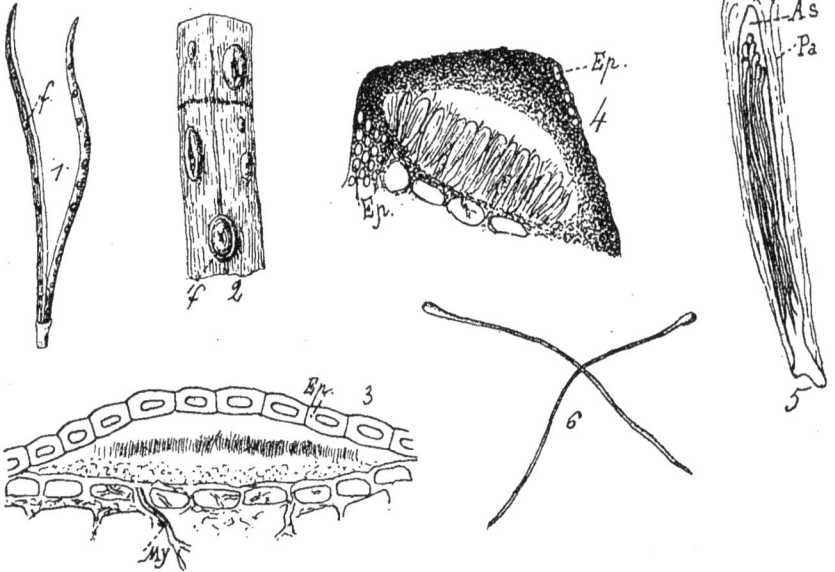

Lophodermium

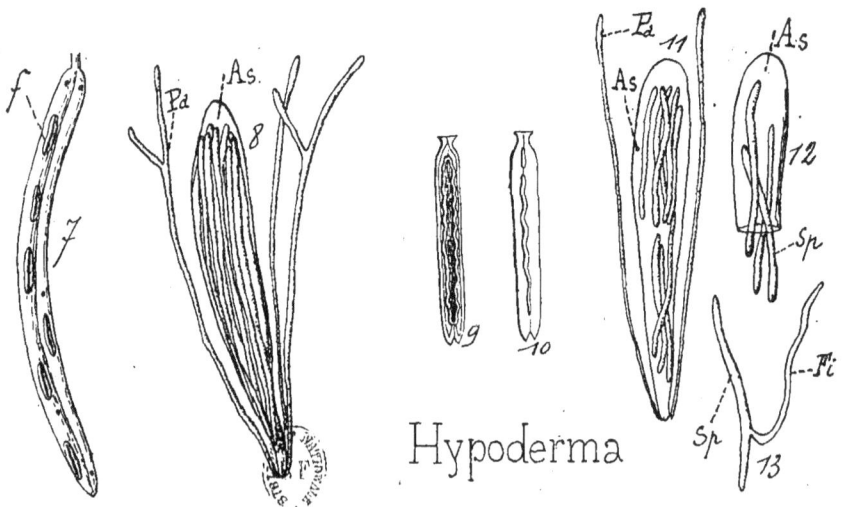

Hypoderma

HYSTÉRIACÉES

Lophodermium.

Lophodermium Pinastri (Schrader) Chevalier (*Hysterium P. Schrader*), produisant le **Rouge du Pin**. — 1. Aiguilles de Pin sylvestre présentant des fructifications, *f*. — 2. Portion d'aiguille avec des fructifications, *f*, à un grossissement plus fort. — 3. La forme spermogonie (*Leptostroma Pinastri* Desmazières) : *Ep.*, épiderme de la feuille ; *My*, le mycélium. — 4. Coupe d'une fructification ascospore non encore ouverte, sur le tranchant d'une aiguille : *Ep.*, portions d'épiderme écartées par la formation du périthèce et ayant persisté. — 5. Asque, *As*, et paraphyses gélifiées, *Pa*. — 6. Deux ascospores. (Grossissement environ 400.)

Lophodermium macrosporum (Hartig) Rehm (*Hypoderma m. Hartig*). — 7. Feuille d'Épicéa grossie, montrant les fructifications, *f*, du parasite. — 8. Asque, *As* et paraphyses bifurquées, *Pa*.

Hypoderma nervisequum De Candolle (*Hysterium n.* Fries — *Lophodermium n.* Rehm). — 9. Face supérieure d'une aiguille de Sapin pectiné, portant la spermogonie (*Septoria Pinastri* Fuckel). — 10. Face inférieure de la même présentant les périthèces ascospores. — 11. Asque, *As*, et paraphyses, *Pa*. — 12. Asque ouvert naturellement par déchirure transversale vers sa partie inférieure. — 13. Spore germant par un filament, *Fi*.

PYRÉNOMYCÈTES

SPHÉRIACÉES

Black-rot de la Vigne.

Guignardia Bidwellii (Ellis) Viala et Ravaz — *Phoma uvicola.*

1. Feuille de Vigne présentant des macules fauves, *t*, avec de nombreux conceptacles de pycnides. Le pétiole présente aussi une tache. — 2. Macule, *t*, sur sarment. — 3. Portion d'une grappe envahie de même : *s*, grains sains ; les autres sont couverts de fructifications, *f*, ou renferment le mycélium dans la pulpe. — 4. Un grain couvert de fructifications, faiblement grossi. — 5. Deux grains attaqués localement. L'évolution lente du parasite a permis à la plante d'arrêter son extension par production d'une lame de liège. — 6. Pycnides (*Phoma uvicola* Berkeley et Curtis) sur un grain, émettant leurs stylospores en un fil gélatineux. — 7. Coupe transversale d'une pycnide : *Ost*, son ostiole ; *My*, mycélium (noir près des conceptacles) ; *Cutic.*, cuticule ; *C. t.*, cellule tuée de la pulpe ; *St*, stylospore. — 8. Stylospores isolées (grossissement environ 500). — 9. Spermogonie ; *Spg*, spermatie. — 10. Spermaties isolées (grossissement environ 500). — 11. Germination des stylospores : *a*, *b*, *c*, par production d'un filament simple, filaments germinatifs anastomosés en *c* ; en *d*, *e*, *f*, par production d'une conidie secondaire *Co. s* (D'après MM. Ravaz et Bonnet.) — 12. La forme conidienne se développant sur une pycnide non évoluée (sclérote) : I, *Fil.*, filament ; *Co*, conidie, jeune en *Co.j* ; II, conidie uniseptée ; III, conidie germant sur place. — 13. Le mycélium (hyalin) de *Guignardia Bidwellii* dans la pulpe d'un raisin attaqué : *r*, ramification jeune (?) ; *an*, anastomose de 2 filaments voisins. — 14. Figure schématisée montrant la formation d'un liège protecteur, *li. p*, à la suite de la pénétration d'une stylospore germée dans un pétiole adulte. Les cellules teintées sont tuées. (D'après M. Prunet.)

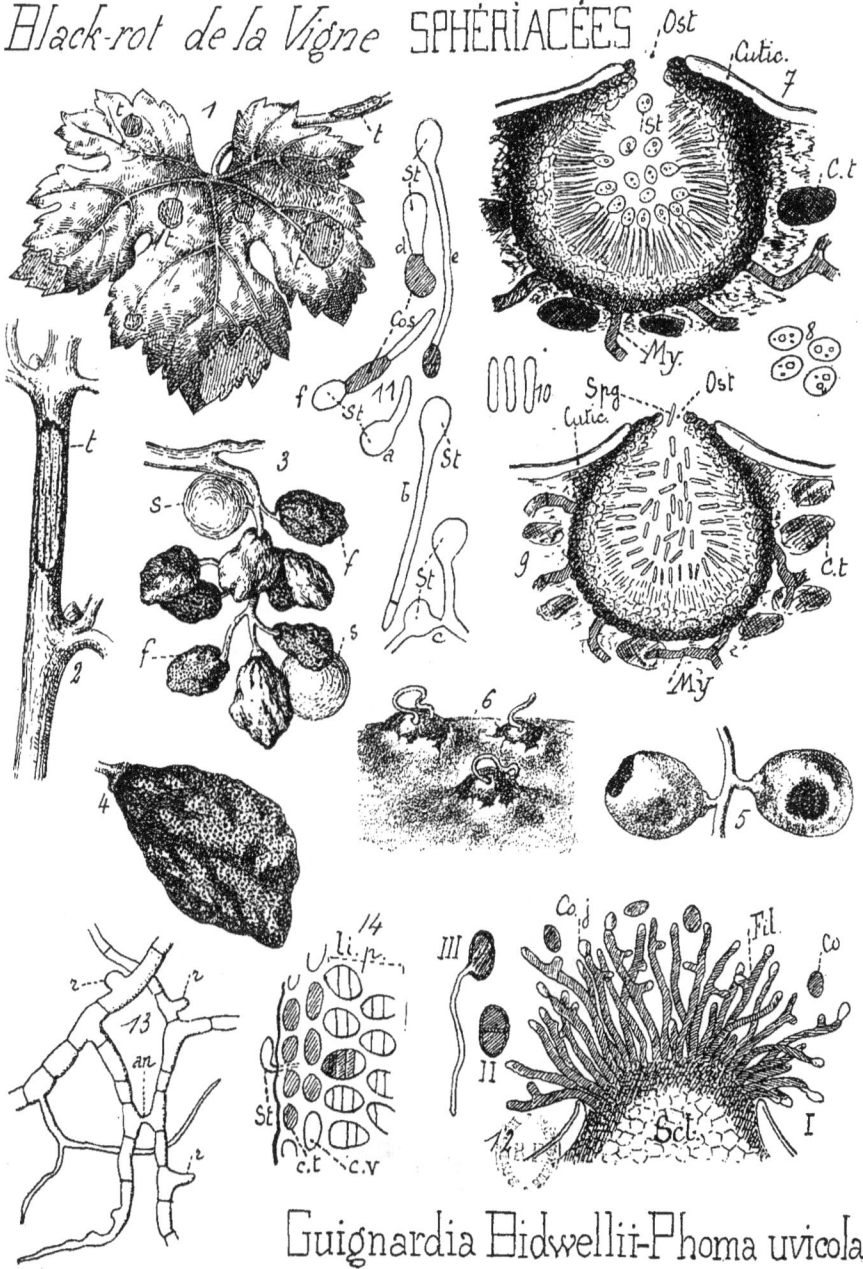

PYRÉNOMYCÈTES   Planche XL

Black-rot de la Vigne   SPHÉRIACÉES

Guignardia Bidwellii–Phoma uvicola

Black-rot (suite)

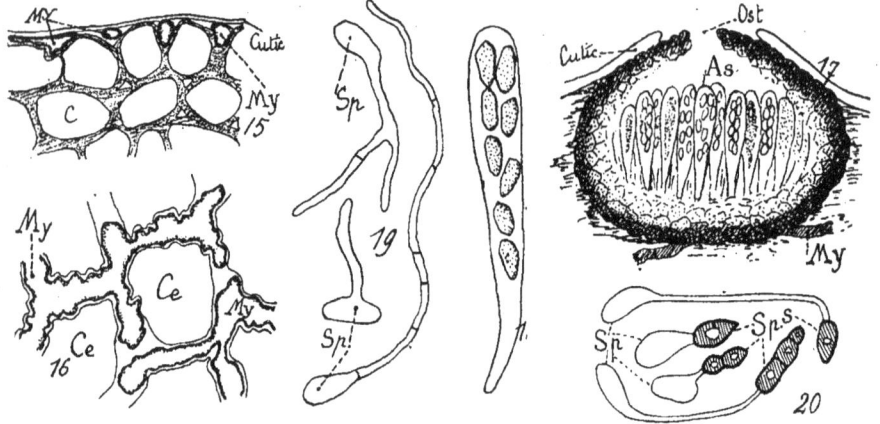

Rot blanc. Coniothyrium Diplodiella

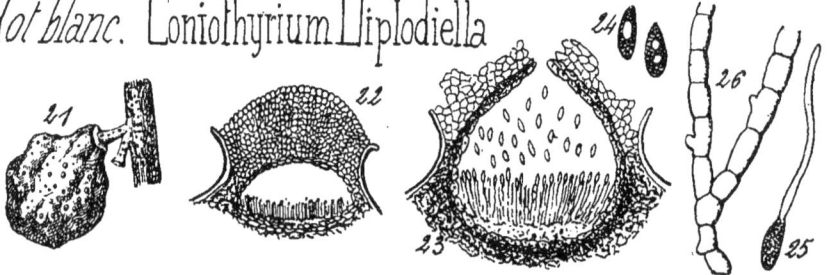

Pourridié's

Rosellinia

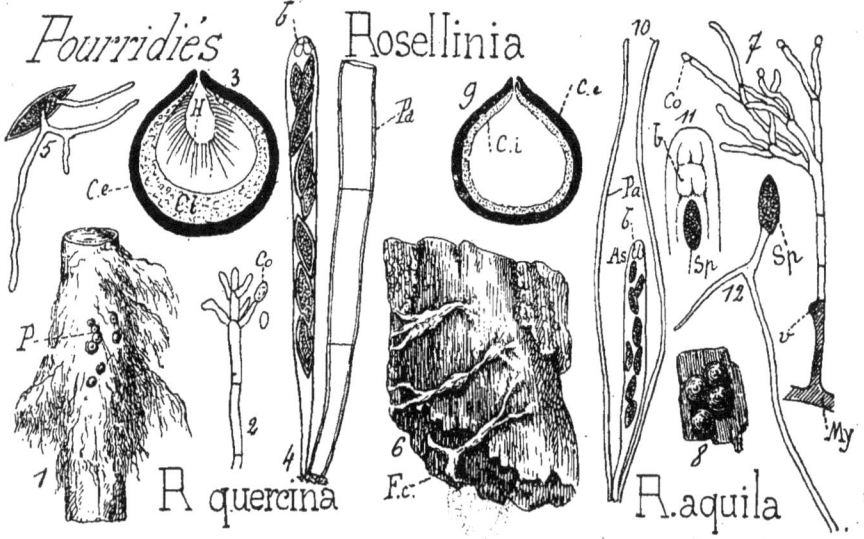

R. quercina

R. aquila

Black-rot (Suite).

15. Coupe transversale d'un grain de raisin récemment attaqué : le mycélium, *My*, est encore sous la cuticule, *Cutic*. (D'après MM. Ravaz et Bonnet.) — 16. Mycélium dans une région récemment altérée du grain, coupe tangentielle : *Ce*, cellules de la pulpe. (D'après MM. Ravaz et Bonnet.) — 17. Coupe d'un périthèce ascospore : *Ost*, son ostiole. — 18. Asque octospore *(*pas de paraphyses). — 19. Germination des ascospores, *Sp*, par un filament. (D'après M. Prunet.) — 20. Germination des ascospores par une spore secondaire, *Sp. s.*

Rot blanc.

Dû au *Coniothyrium Diplodiella* (Spegazzini) Saccardo.

21. Grain de raisin avec son pédoncule et une partie de la râfle attaqués et montrant les pycnides. — 22. Coupe d'une pycnide jeune surmontée d'un épais stroma. — 23. Coupe d'une pycnide adulte (la partie profonde de la pycnide est seule couverte de stérigmates). — 24. Deux stylospores (brunes à maturité). — 25. Stylospore germant (D'après M. Cavara.) — 26. Mycélium vu dans la pulpe.

Pourridiés.

Rosellinia quercina R. Hartig. — 1. Revêtement floconneux de la base d'une tige montrant des périthèces, *P*. — 2. Extrémité d'un filament conidifère : *Co*, conidies. — 3. Coupe d'un périthèce passant par l'ostiole : *Ce*, Couche externe noire et cassante ; *C. i*, couche interne blanche ; *H*, hyménium ascospore. — 4. Asque octospore montrant le bouchon terminal, *b*, *plein* ; *Pa*, portion d'une paraphyse deux fois longue que l'asque. — 5. Germination de l'ascospore. (Figures de M. Robert Hartig.)

Rosellinia aquila (Fries) de Notaris. — 6. Fragment de racine de Mûrier portant le mycélium aggloméré en cordons filamenteux. — 7. Extrémité fructifiée d'un filament de la forme conidienne (*Trichosporium fuscum* (Link) Saccardo). — 8. Fragment d'une racine de Mûrier avec des périthèces ascospores. — 9. Coupe d'un périthèce passant par l'ostiole (mêmes lettres que fig. 3). — 10. Asque et paraphyses : *b*, bouchon terminal *plein*. — 11. Portion terminale de l'asque (grossissement plus fort*)* : *b*, bouchon ; *Sp*, ascospore. — 12. Germination de l'ascospore.

Rosellinia necatrix (R. Hartig — P. Viala) Berlese (*Demato-tophora necatrix* R. Hartig). — 13. Fragment de racine de Mûrier présentant le mycélium blanc floconneux et des cordons rhizo-morphes aplatis, d'un gris plombé. — 14. Filaments mycéliens isolés : *a*, mycélium âgé ; *b*, mycélium plus jeune, mais déjà coloré, avec ses dilatations caractéristiques aux cloisons ; *c*, anas-tomose de filaments. — 15. Fragment de racine de Mûrier avec les sclérotes conidifères. — 16. Une fructification conidienne isolée (forme *Graphium*). — 16 *bis*. Extrémité conidifère d'une branche. — 17 *a*. Conidies isolées, fortement grossies ; *b*, germi-nation de la conidie. — 18. Périthèces ascospores isolés observés sur racines de Pêcher. — 19. Coupe d'un périthèce : *C. c*, couche externe carbonacée ; *C. i*, couche interne blanche ; *N*, portion cen-trale : asques et très nombreuses paraphyses (pas d'ostiole). — 20. Asque avec le bouchon *plein*, *b* ; *Pa*, paraphyses.

Rhizoctones.

Rhizoctonia violacea (De Candolle) Tulasne. — 21. Bulbe de Safran, tué par la Rhizoctone violette : *m*, masses veloutées à cellules courtes violacées : *c. r*, cordons courant dans le sol d'une plante à une autre. — 21 *bis*. Corps miliaires dus à l'en-roulement des filaments mycéliens. — 22. Pénétration des fila-ments mycéliens issus d'un corps miliaire, pénétrant la bulbe de safran par unstomate ; *My*, mycélium dans les cellules externes du bulbe. — 23. Filaments ordinaires du mycélium. — 24. Fila-ments mycéliens renflés établissant la transition entre les précé-dents et 25, cellules courtes des masses veloutées (21. *m*).

Rhizoctonia Solani Kühn (non *Rhizoctonia violacea* sur Pomme de terre) — 26. Tubercule de Pomme de terre portant les sclé-rotes noirs (stériles).— Coupe dans un sclérote pénétrant et détruisant le périderme de la Pomme de terre.

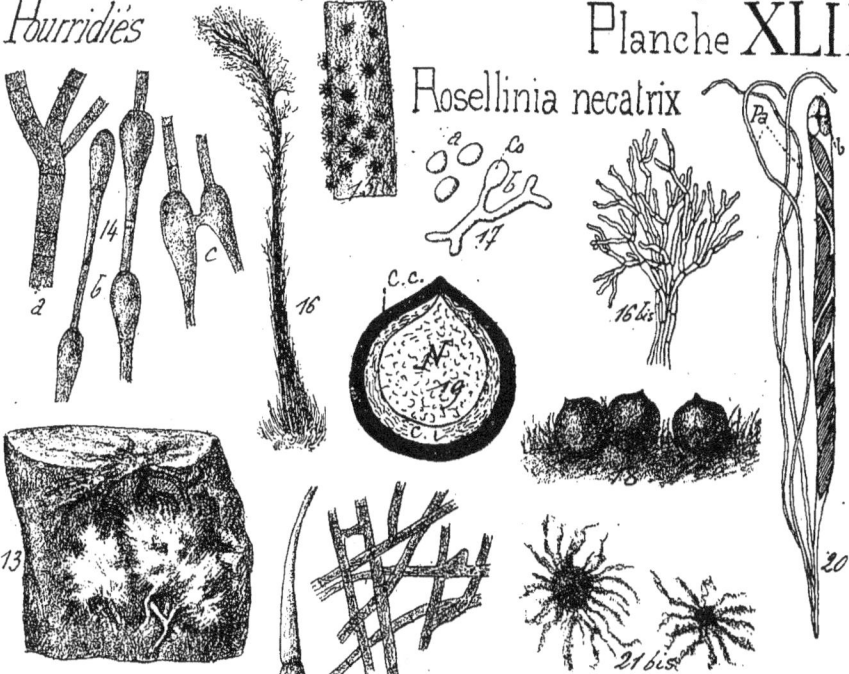

Pourridiés

Rosellinia necatrix

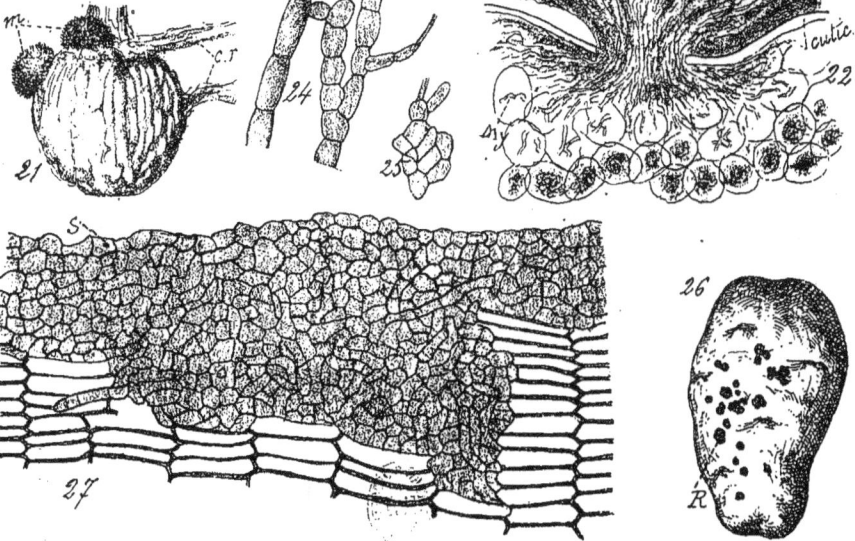

Rhizoctonia

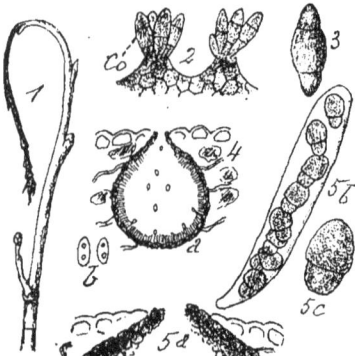

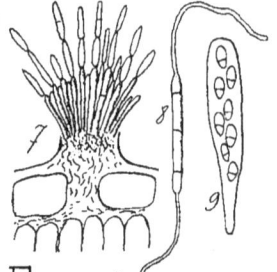

Sphærella Fragariæ

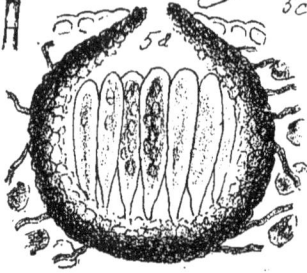

Didymosphæria
populina

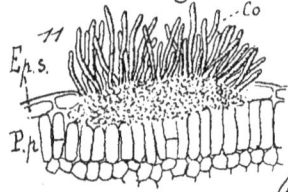

Sphærella Mori

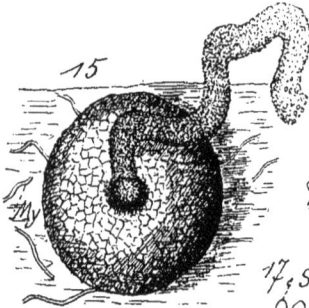

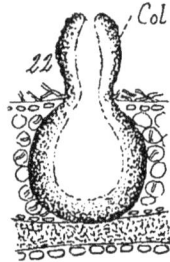

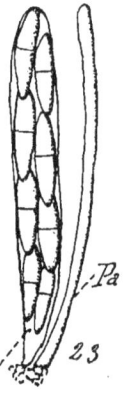

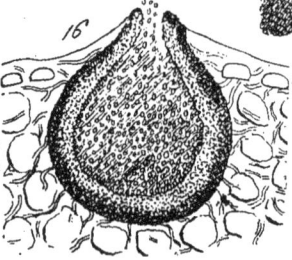

Sphærella tabifica

Gibellina cerealis

Didymosphæria populina Vuillemin. — 1. Pousse de Peuplier pyramidal, dont l'extrémité brunie et recourbée porte des pycnides. — 2.
Forme conidienne (*Napicladium Tremulæ* [Frank] Saccardo) développée sur les feuilles. — 4. Une conidie mûre isolée. — 4. *a.* Coupe
transversale de la pycnide sur les rameaux ; *b*, stylospores isolées. —
5. *a.* Coupe d'un périthèce avec des asques (paraphyses absentes) ;
b, un asque octospore isolé ; *c*, une ascospore.

Sphærella Fragariæ (Tulasne) Saccardo [*Stigmatea F.* Tulasne]. —
6. Une foliole de Fraisier présentant des macules à bord pourpre foncé
sur lesquelles apparaissent les fructifications. — 7. Coupe transversale
dans la macule (face supérieure) présentant la forme conidienne (*Ramu-
laria Tulasnei* Saccardo). — Germination d'une conidie. — 9. Asque
octospore.

Sphærella tabifica Prillieux et Delacroix, produisant la « Pourriture
du cœur de la Betterave ». — 15. La pycnide (*Phyllosticta tabifica*
Prillieux et Delacroix — *Phoma Betæ* Frank), vue en coupe tangentielle du pétiole et laissant sortir les stylospores agglutinées en un fil.
— 16. Coupe transversale du pétiole au niveau d'une pycnide. — 17.
Paroi de la pycnide, montrant l'insertion des stylospores, *St* (sessiles).
— 18. Coupe tangentielle de la forme ascospore, montrant le pore. —
19. Asque octospore. — 28. Deux ascospores.

Gibellina cerealis Passerini. — 21. Portion d'un chaume de Blé
montrant les macules fructifères du Champignon sur les feuilles et les
gaines. — 22. Coupe dans un périthèce : *Col*, son col. Le mycélium
stromatisé s'étend entre la gaine et le chaume. — 23. Un asque octospore et une paraphyse. — 24. Deux ascospores.

Dilophia Graminis (Fuckel) Saccardo. — Épi de Blé déformé par le parasite et incurvé par son adhérence aux gaines : *St*, le strome noir portant les pycnides. — 2. Coupe tangentielle dans le stroma : *Ost*, ostiole des pycnides. — 3. Coupe du stroma, *Str*, passant par une pycnide, *P* : *Hy*, hyménium de stylospores ; *E*, épiderme d'une glume. — 4. Asque octospore. — 5. Une ascospore isolée. — 6. Une stylospore, avec les appendices filiformes ramifiés aux deux extrémités. — 7. 8. Germination de stylospores.

Piétin des Céréales.

Ophiobolus Graminis Saccardo. — 9. Périthèces devenus libres à la surface de l'entrenœud inférieur du chaume. — 10. Un des périthèces de fig. 9. — 10 *bis*. Périthèces jeunes, *Pé*, encore enfermés dans le tissu de la première gaine, détruite peu à peu par le mycélium, *My*, et persistant autour des périthèces. — 11. Asque mûr octospore. — 12. Ascospores mûres. — 13. Germination des spores par filaments : *A*, après 24 heures ; *B*, après 4 jours. — 13 *bis*. Asque jeune avec paraphyse destinée à se gélifier. — 14. Asque déhiscent transversalement près de sa base. — 15. Masse de stroma sur le premier entrenœud, entre celui-ci et les débris de la gaine — 16. Filaments mycéliens isolés sur la face inférieure de la première gaine. — 17. Mycélium dans l'intérieur des cellules du premier entrenœud.

Leptosphæria herpotrichoides de Notaris. — Un périthèce isolé, garni de poils à sa partie inférieure, enfoui dans les tissus du chaume. — 19. Asque et paraphyses. — 20. Ascospore germant.

Noir des Céréales.

Sphærella Tulasnei Janczewski. — 21. Une fructification conidienne (*Cladosporium herbarum* Link), sortant au dehors de la feuille. — 22. Extrémité d'un filament fructifié de *Cladosporium*, forme géante. — Id., la forme naine. — 24. Forme conidienne du même *Cladosporium*, forme *Hormodendron cladosporioides* Saccardo. — 25. Autre forme conidienne du même, *Dematium pullulans* de Bary. — 26. Grain de Blé envahi par *Cladosporium herbarum* et crevassé. — 27. Coupe longitudinale d'un grain de Blé envahi montrant le mycélium stromatique noir, dans les cellules de l'enveloppe du grain. — 28. Id. Coupe tangentielle du même stroma. — 29. Asque du *Sphærella Tulasnei* (pas de paraphyses).

Planche **XLIV**

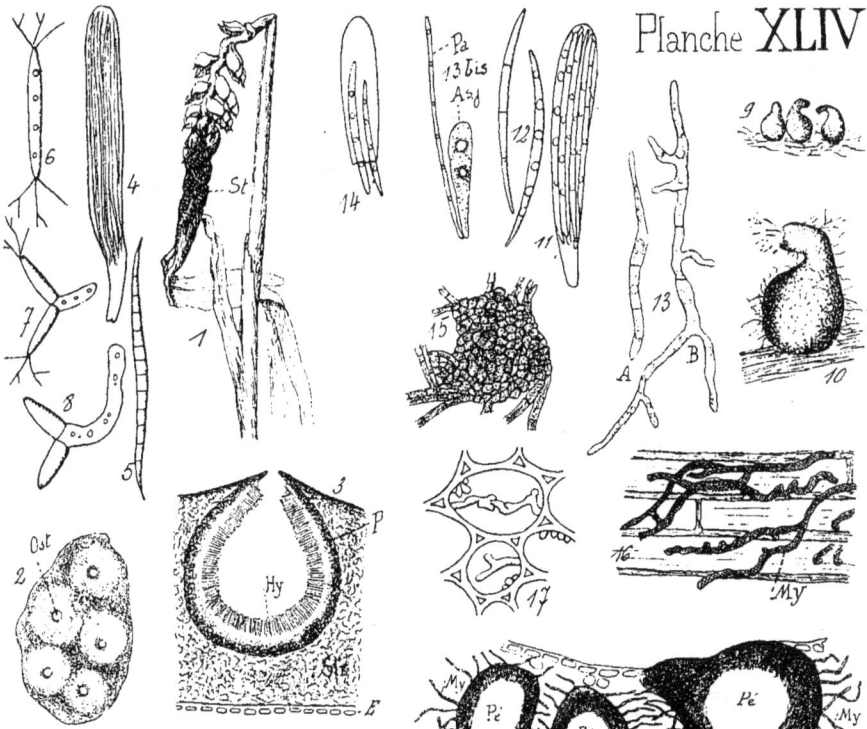

Dilophia Graminis-
Dilophospora G.

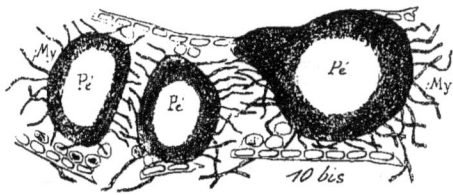

Ophiobolus Graminis
Piétin des Céréales

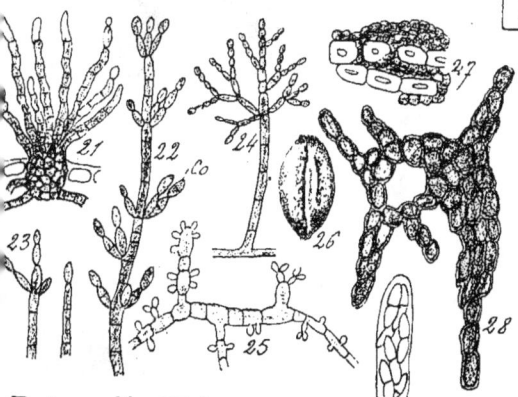

Sphærella Tulasnei —
Cladosporium herbarum

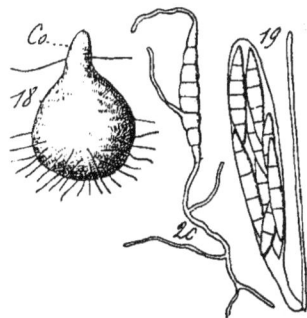

Leptosphæria herpotrichoides

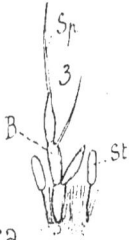
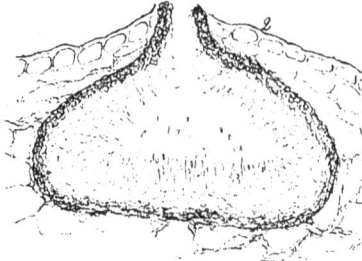

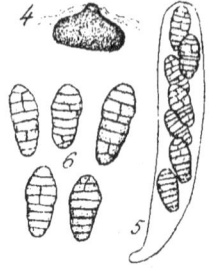

Pleospora

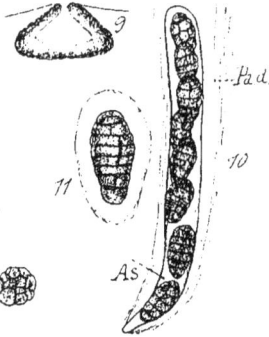

Alternaria

SPHÉRIACÉES IMPARFAITES

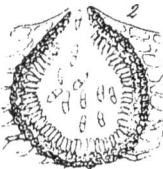
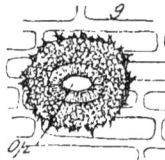

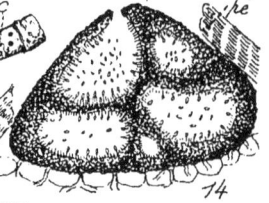

Ascochyta

Fusicoccum

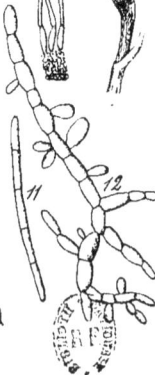

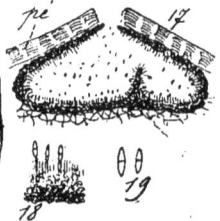

Septoria

Diplodina

Pleospora albicans Fuckel. — 1. Rameau de Chicorée présentant dès taches blanches diffuses qui portent les pycnides (*Phoma albicans* Roberge et Desmazières). — 2. Coupe de la pycnide. — 3. Hyménium de la pycnide portant des stylospores, *St*, et des spermaties, *Sp*. — 4. Le périthèce (grossissement faible). — 5. Un asque octospore. — 6. Ascospores (de couleur olivâtre foncé). (D'après M. Prillieux.)

Pleospora herbarum (Persoon) Rabenhorst. — 7. Sa forme conidienne (*Macrosporium commune* Rabenhorst). — 8. Une conidie isolée. — 9. Coupe du périthèce. — 10. Asque et paraphyses en voie de gélification, *Pa.d.* — 11. Ascospore entourée de son auréole gélifiée.

Alternaria Solani Sorauer. — 12. Forme conidienne sur feuille de la Pomme de terre.

Alternaria tenuis Nees. — Forme conidienne sur feuilles jeunes de Tabac.

SPHÉRIACÉES IMPARFAITES

Ascochyta Pisi Mlle Libert. — Gousse de Pois portant les taches fructifiées du parasite. — 2. Coupe transversale de la pycnide. — 3. Stylospore isolée.

Septoria ampelina Berkeley et Curtis, produisant la Mélanose de la Vigne. — 4. Portion de feuille de Vigne (face supérieure) montrant les taches fructifiées du parasite. — 5. Coupe transversale de la pycnide, avec spores. — 6. Une spore isolée.

Septoria piricola Desmazières — Cavara. — 7. Feuille de Poirier portant les macules fructifiées du Champignon. — 7 *bis*. Une stylospore isolée.

Septoria Tritici Desmazières (non *Septoria Graminum* Desmazières, d'après M. Janczewski et M. Mangin). — Feuille de Blé attaquée, avec des macules pâles à contours indécis, présentant les pycnides du champignon. — 9. Coupe tangentielle de la feuille montrant le pore de la pycnide. — 10. Portion de l'hyménium de la pycnide, montrant l'insertion des stylospores sur de courts stérigmates. — 11. Une stylospore isolée. — 12. Germination et développement de la stylospore. (D'après M. F. Krüger.)

Fusicoccum abietinum (Rob. Hartig) Prillieux et Delacroix. — (*Phoma abietina* Rob. Hartig). — 13. Fragment de tige et de rameau de Sapin argenté décortiqués par le parasite et présentant les pycnides. — 14. Coupe de la pycnide pluriloculaire. — 15. Stylospores et stérigmates.

Diplodina Castaneæ Prillieux et Delacroix, produisant le « Javart » des Châtaigniers. — 16. Tige jeune de Châtaignier montrant le chancre fructifié du Javart. — 17. Coupe de la pycnide. — 18. Stylospores et stérigmates. — 18. Stylospores isolées.

Glœosporium ampelophagum (de Bary) Saccardo [*Sphaceloma ampelinum* de Bary] produisant « l'Anthracnose de la Vigne ». — 20. Sarment de Vigne portant un chancre adulte. — 21. Plusieurs chancres jeunes. — 22. Feuilles présentant les macules brunes déchirées de l'Anthracnose. — Grains de raisin portant les macules. — 24. Portion de la fructification reposant sur le stroma mycélien : *Stg*, stérigmate ; *Co*, conidie. — 25 *a* et *b*. Deux germinations de conidies à divers degrés de développement. (D'après M. Prilleux.) — 26. Coupe schématique d'un chancre d'Anthracnose : *P.m*, parenchyme cortical mort, limité en dedans par une lame de liège cicatriciel (périderme traumatique), *Li. p* ; *Pér.*, îlots péricycliques ; *Ca*, cambium ; *Bo*, bois ; *V*, vaisseaux ; *R.m*, rayon médullaire ; *B.m*, bois mort injecté par le mycélium. (D'après M. Gouirand.) — 27, 28, 29. Stades successifs du développement des conidies au printemps aux dépens du stroma périphérique ayant résisté à l'hiver. Mêmes lettres que fig. 24. (D'après M. Gouirand.)

Colletotrichum Lindemuthianum (Saccardo et Magnus) Briosi et Cavara [*Glœosporium Lindemuthianum* Saccardo et Magnus], produisant l' « Anthracnose des Haricots ». — 30. Gousse de Haricot couverte des taches de l'Anthracnose. — 31. Coupe transversale d'une fructification : *Cutic.*, la cuticule déchirée ; *Po*, poils noirs cloisonnés entourant la fructification ; *Stg*, stérigmate ; *Co*, conidie. — Conidies isolées.

Marsonia Juglandis (Libert) Saccardo. — 33. Foliole de Noyer couverte des taches du parasite. — 34. Coupe transversale d'une feuille, face supérieure, montrant la fructification reposant sur le stroma, *Str.* — 35. Deux conidies isolées.

Pestalozzia uvicola Spegazzini. — 36. Feuille de Vigne portant une macule fructifiée sur sa face supérieure : *Ep. s*, épiderme. — 38. Une conidie isolée.

Pestalozzia Guepini Desmazières. — 39. Feuille de Thé envahie portant une large macule fructifiée (pâle). — 40. Une conidie isolée.

Cercospora Apii Fries. — 41 *a*. Coupe dans une macule de la feuille de Céleri (face supérieure) montrant la fructification conidienne. — 41 *b*. Conidie isolée.

Cercospora coffeicola Berkeley et Cooke. — 41. Portion de feuille de Caféier d'Arabie (face supérieure) présentant les taches fructifiées. — 43 *a*. Coupe dans une fructification ; — *b*, une conidie isolée.

Cercospora beticola Saccardo. — 44 *a*. Une conidie sur son stérigmate ; *b*, une conidie isolée ; *c*, une tache fructifiée sur face supérieure de feuille de Betterave.

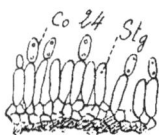

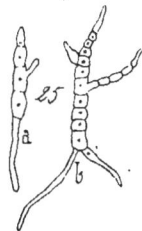

Glœosporium

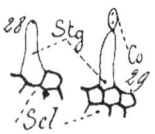

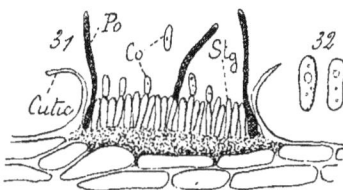

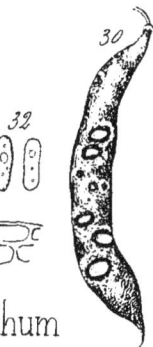

Colletotrichum

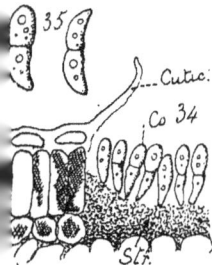

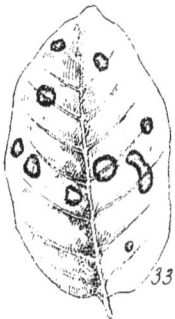

Marsonia

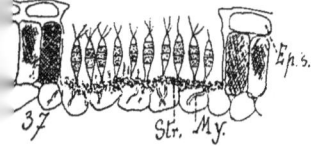

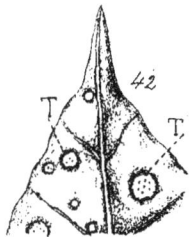

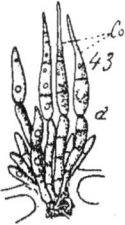

Pestalozzia

Cercospora

Scolecotrichum

Fusicladium

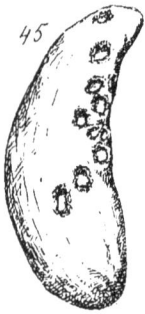

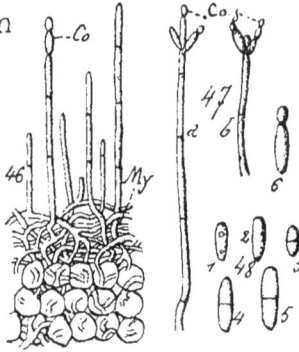

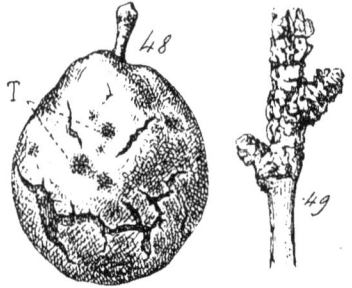

Tavelures

56

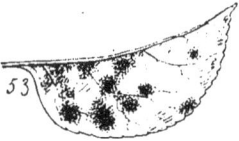

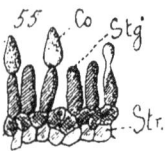

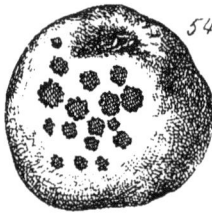

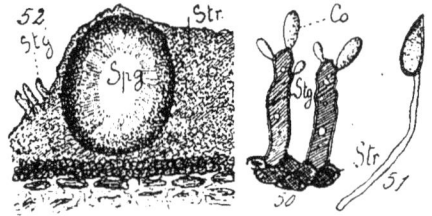

HYPOCRÉACÉES

Nectria

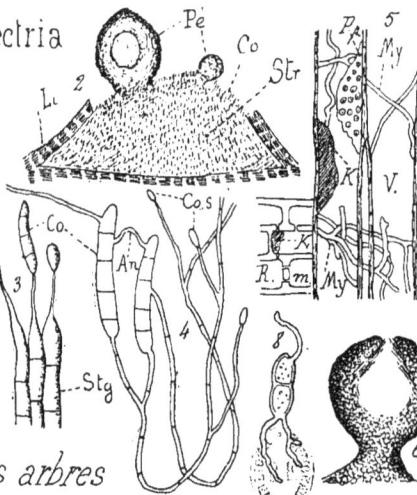

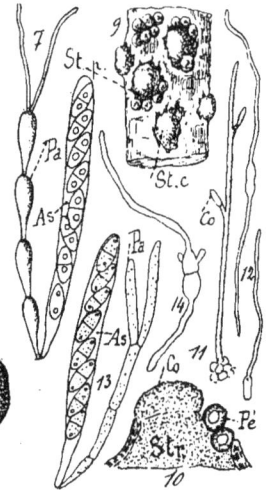

Chancre des arbres

Scolecotrichum melophthorum Prillieux et Delacroix, produisant la « Nuile » des Melons et des Concombres. — 45. Concombre envahie et portant des taches fructifiées. — 46. Coupe dans une tache fructifiée : *My*, mycélium ; *Co*, conidies terminales. — 47 *a* et *b*. Extrémités d'autres filaments conidiophores : *Co.j*, conidies jeunes. — 48. Différents stades (1. 2. 3. 4. 5) du développement des conidies. En 6, la conidie a bourgeonné.

Tavelures.

Fusiclapium pirinum (Wallroth) Fuckel, produisant la « tavelure » des Poiriers. — 48. Poire présentant les crevasses de la tavelure : *T*, taches fructifiées. — 49. Extrémité d'un rameau de Poirier crevassé par la tavelure. — 50. Fructification conidienne sur le stroma, *Str* : *Stg*, stérigmate ; *Co*, conidie. — 51. Une spermogonie, *Sp.g*, sur un stroma de tige.

Fusicladium dendriticum (Libert) Fuckel, produisant la « tavelure » des Pommiers. — 53. Feuille de Pommier portant les taches du parasite. — 54. Pomme présentant des taches de tavelure. — 55. Fructification conidienne sur le stroma. — 56. Conidie mûre (uniseptée).

HYPOCRÉACÉES

Chancre des arbres.

Nectria ditissima Tulasne. — 1. Rameau de Pommier, portant un chancre développé. — 2. Coupe transversale dans un stroma fructifié, *Str.*, présentant à la fois des conidies, *Co*, et des périthèces, *Pé*. — 3. Conidies en place très grossies : *Stg*, stérigmates cloisonnés. — 4. Germination des conidies, *Co*, qui s'anastomosent en *An* et germent par des filaments produisant des conidies secondaires, *Co. s.* (D'après M. R. Hartig.) — 5. Coupe longitudinale du bois dans la partie centrale du chancre : *V*, vaisseau ; *P. p*, portion de la paroi ponctuée ; *K*, gomme de blessure ; *My*, mycélium. (D'après M. Gœthe.) — 6. Un périthèce en coupe longitudinale. — 7. Asque octospore, *As*, et paraphyses articulées, *Pa*. — 8. Germination d'une ascospore.

Nectria cinnabarina Bode. — 9. Portion d'écorce présentant des stromas exclusivement conidifères en *St.c*, et qui portent en même temps des périthèces en *St. p*. — 10. Un stroma à un grossissement faible portant des conidies en *Co* et des périthèces en *Pé*. — 11. Un filament conidiophore isolé portant latéralement des conidies. — 12. Germination de la conidie. — 13. Asque octospore et paraphyse. — 14. Germination d'ascospore.

Ergot.

Claviceps purpurea (Fries) Tulasne. — 14. Un ergot, *E*, dans une fleur de Seigle ; *A*, arêtes des glumelles. — 15. Sommet de l'Ergot de la fig. 14 à un grossissement plus fort. — 16. Un jeune pistil de Seigle attaqué par la forme conidienne (*Sphacelia segetum* Léveillé). — 17. Coupe transversale de l'ovaire, *O*, enveloppé et pénétré par la Sphacélie. — 18. Portion de la fig. 17 à un fort grossissement montrant le développement de la Sphacélie : *Ov*, cavité de l'ovaire ; *Ce*, rangée de ses cellules externes conservées ; *Str.*, stroma de la Sphacélie ; *Stg*, stérigmates ; *Co*, conidies. — 19. Germination des conidies. — 20. Un Ergot (*Sclerotium clavus* De Candolle), *E*, présentant la forme ascospore, *Pe*. — 21. Coupe longitudinale de la forme ascospore ; la boule pédicellée est couverte de périthèces s'ouvrant à sa surface. — 22. Un périthèce isolé : *po*, son pore d'ouverture ; *A*, asques encore jeunes. — 23. Un asque octospore en *a* ; spore isolée en *b*. — 24. Germination d'une ascospore.

(Toutes les figures d'après Tulasne, excepté les fig. 19 et 24, d'après M. Kühn.)

Epichloë.

Epichloë typhina (Persoon) Tulasne. — 25. La forme ascospore, *E*, fructifiée sur la Houque laineuse. — 26. Portion de la partie *E* de la fig. 25, grossie à la loupe et montrant les orifices des périthèces. — 27. Portion de la partie *E* grossie faiblement au microscope : *Pé*, périthèces enfouis dans le stroma, *Str*, qui s'étend sur l'épiderme de la gaîne extérieure et entre les gaînes suivantes et le chaume : *Fé*, gaînes ; *Ll*, faisceaux libéro-ligneux des gaînes. — 28 *a*. Un périthèce isolé dans le stroma, *Str*, qui pénètre dans la gaîne en *I* ; *b*, un asque octospore isolé. — 29. La forme conidienne *Sphacelia typhina* Saccardo : *Stg*, stérigmates des conidies, portés sur le stroma, *Str*, qui s'étend sous l'épiderme, *Ep*, de la gaîne ; *Po*, un poil de la gaîne. — 30. Stérigmates, *Stg*, portant les conidies *Co*. (Fort grossissement.)

Mole du Champignon de couche.

31. Un Champignon de couche (*Psalliota* [*Agaricus*] *campestris*) attaqué et déformé par la maladie de la Mole, due à l'*Hypomyces perniciosus* (?) Magnus. — 32. La forme conidienne (*Mycogone perniciosa* Magnus), extrémité d'un filament fructifère : *Co*, conidies terminales ; *Chl*, chlamydospores (kystes) bicellulées.

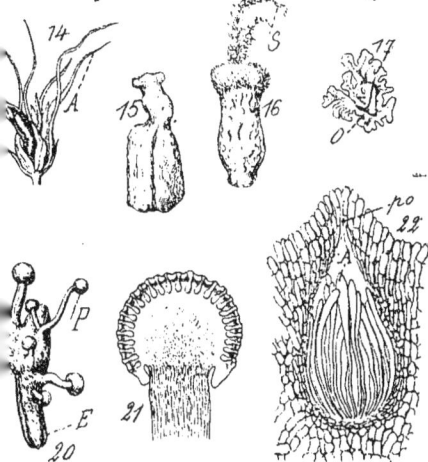

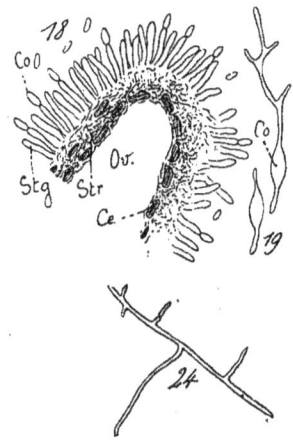

Epichloe

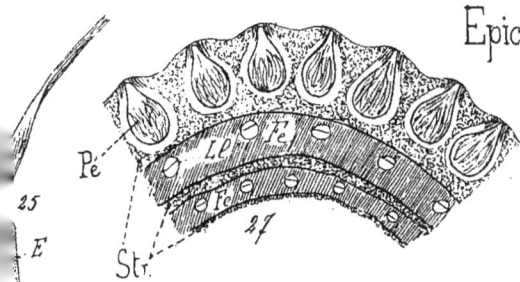

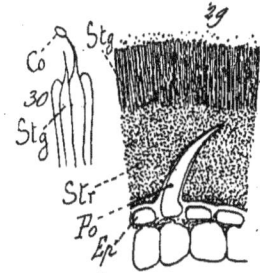

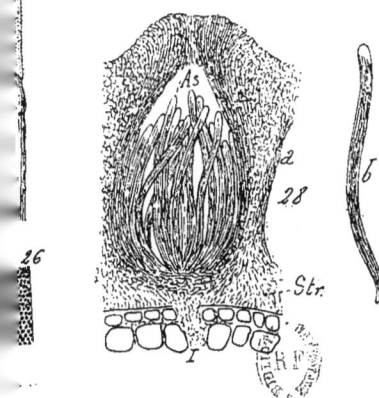

Hypomyces

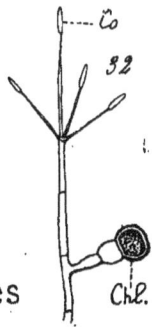

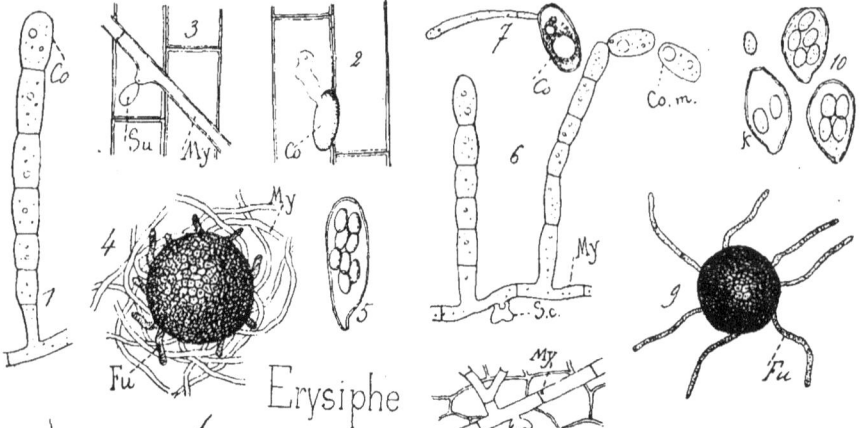

Erysiphe

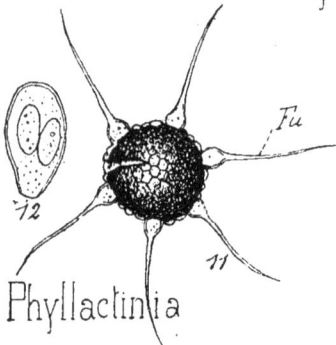

Phyllactinia

Oidium de la Vigne

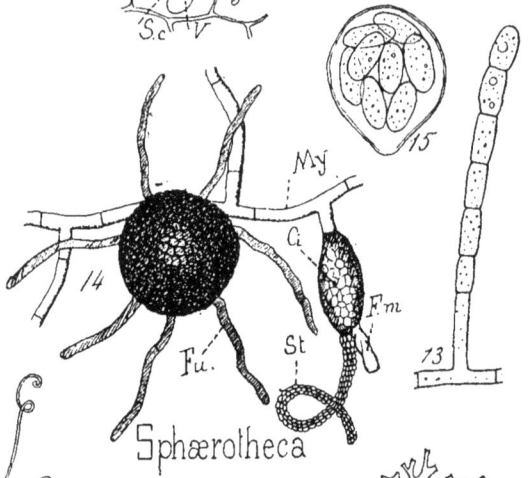

Sphærotheca

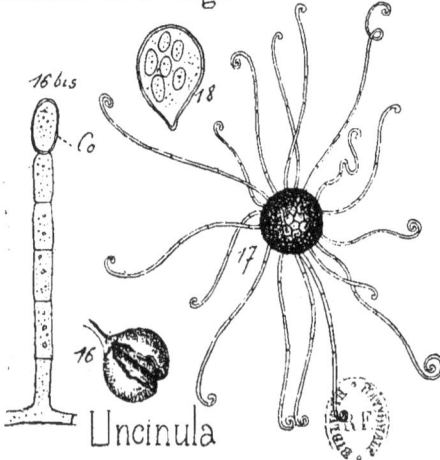

Uncinula

PÉRISPORIACÉES

ERYSIPHÉES.

(Blancs.)

Erysiphe graminis De Candolle, produisant le « blanc » des Céréales. — 1. Filament fructifère de la forme conidienne (*Oidium monilioides* Link) : *Co*, conidie terminale de la chaîne, mûre, prête à se détacher. — 2. Germination d'une conidie, *Co*, à la surface de la feuille. — 3. Mycélium, *My*, à la surface de la feuille, la perforant par un suçoir, *Su*. — 4. Périthèce enveloppé dans le mycélium, *My*, et portant des appendices bruns, courts, les fulcres, *Fu*. — 5. Asque octospore, différenciée au printemps suivant.

Erysiphe communis (Wallroth) Fries, sur les feuilles de nombreuses plantes. — 6. Forme conidienne (*Oïdium erysiphoïdes* Fries). Mycélium portant un suçoir, *Sc*, et deux chaînes de conidies : *Co.m*, conidie mûre se détachant. — 7. Conidie en germination. — 8. Mycélium portant un suçoir, *Sc*, muni d'une vésicule terminale, *V*, et pénétrant dans l'épiderme d'une feuille. (D'après M. Prillieux.) — 9. Périthèce avec ses fulcres, *Fu*, colorés en brun. — 10. Trois asques (4 à 6 spores), dont l'un, *K*, expulse ses spores.

Phyllactinia suffulta Rebentisch, sur feuilles de Noisetier et de Frêne. — 11. Le périthèce et ses fulcres, *Fu*. — 12. Asque à 2 spores.

Sphærotheca Castagnei Léveillé, attaquant les feuilles de Houblon et diverses autres plantes. — 13. La forme conidienne (*Oïdium*). — 14. Périthèce, avec ses fulcres brunâtres, *Fu*. Le mycélium. *My*, porte la pycnide parasite, *Ci*, du *Cicinnobolus Cesatii*, sur le trajet d'un filament : *F.m*, partie terminale morte du filament parasité qui porte la pycnide : *St*, les stylospores de *Cicinnobolus* s'échappant en un fil. — 15. Asque octospore, *unique*, du périthèce.

Uncinula americana How. (*Uncinula spiralis* Berkeley et Curtis), produisant l' « Oïdium de la Vigne ». — 16. Grain de raisin envahi et fendu par la maladie. — 16 *bis*. La forme conidienne (*Oïdium Tuckeri* Berkeley). — 17. Périthèce avec ses fulcres allongés et enroulés en se à l'extrémité. — 18. Asque (4 à 8 spores) ordinairement six. — 19. Le mycélium, *My*, portant des suçoirs, *S*, qui pénètrent les cellules épidermiques, *C.b*, et les brunissent.

Microsphæra Grossulariæ Wallroth, attaquant les feuilles de Groseilliers. — 20. Un fulcre.

Podosphæra tridactyla (Wallroth) de Bary, attaquant les feuilles de l'Aubépine, du Prunier, du Pommier. — 21. Un fulcre.

PÉRISPORIÉES

Fumaginea.

Capnodium salicinum Montagne, produisant la « Fumagine » des feuilles de Saule et de nombreuses autres plantes. — 1. Une pycnide émettant ses stylospores brunes, cloisonnées. — 2. Spermogonies ramifiées : *My*, mycélium noir, bourgeonnant. — 3. Périthèce ascospore s'ouvrant par une fente transversale. — 4. Asque octospore. (D'après M. Prillieux.)

Capnodium Citri Penzig (*Meliola Citri* Saccardo) sur les Aurantiacées. — 5. Spermogonie émettant ses spermaties : *My*, mycélium émettant une forme conidienne à conidies noires rameuses, *Triposporium*. — 6. Périthèces ascospores ; celui de droite est hérissé de soies noires et rigides à sa partie supérieure. — 7 *a*. Asque octospore ; *b*, deux ascospores. (D'après M. Prillieux.)

Capnodium elongatum Berkeley et Desmazières, sur feuilles de Chêne et de Noisetier. — Forme spermogonie à conceptacle ramifié sur feuille de Chêne. — 9. Forme pycnide sur feuille de Noisetier émettant ses stylospores brunes. — 10. Extrémité d'une spermogonie émettant des spermaties.

Asterula Beyerinckii (Vuillemin) Saccardo, et sa forme conidienne *Coryneum Beyerinckii* Oudemans, attaquant les feuilles et fruits des Amygdalées. — 11. Feuille de Cerisier portant des macules brunes, *M*, à marge noire subérisée de la forme *Coryneum* ; en *M. t.*, les macules se sont détachées. — 12. Macules sur cerises encore vertes. — 13. Fructification de *Coryneum* sur macule tombée, produite pendant l'été : *Cutic*, cuticule ; *Str*, stroma ; *Stg*, stérigmate ; *Co*, conidie. — 14. Conidie brun clair isolée. — 15. Périthèce superficiel sur la macule. — 16. Asque, gélifiant sa paroi en 17, expulsant ses spores en 18. (D'après M. Vuillemin.)

Thielavia basicola Zopf, attaquant le collet du Pois, du Lupin, du Tabac. — 19. Forme conidienne *Endoconidium* (conidies produites en chapelet dans un tube ouvert et expulsées successivement). — 20. Rameau portant des files de chlamydospores brunes unicellulaires qui s'égrènent successivement. — 21. Un périthèce. — 22. Asque octospore. — 23. Une ascospore isolée.

Capnodium

As

My

Tr.

My

Co
Cutie
Str Stg

M.t M M

Sp

Co
ChI

Asterula-Coryneum

Thielavia

Melampyre

Gui

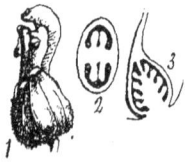

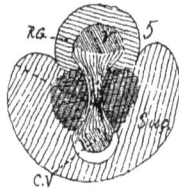

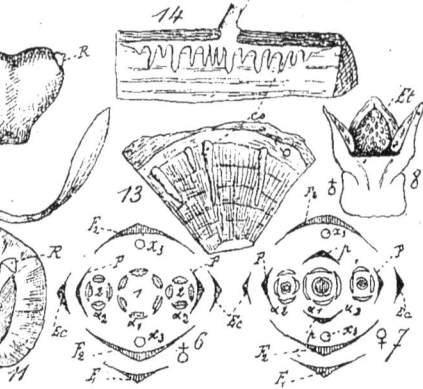

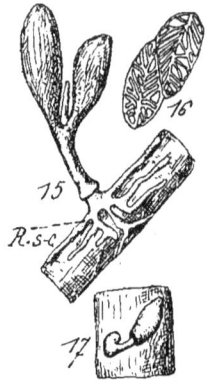

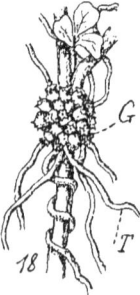

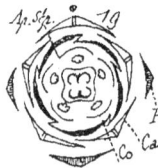

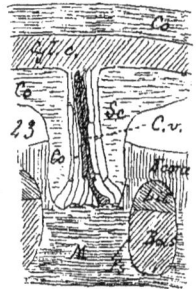

Cuscutes

Orobanches

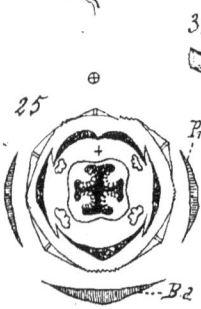

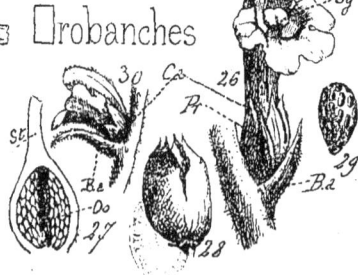

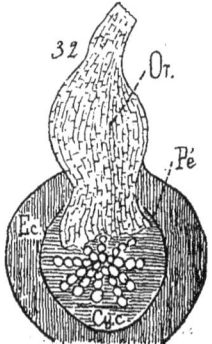

PHANÉROGAMES PARASITES

Rhinanthes. — 1. Fleur de *Rhinanthus major*. — 2. Son ovaire coupé transversalement. — 3. Le même coupé longitudinalement.

Melampyres. — 4. Ovaire de *Melampyrum pratense* coupé longitudinalement. — 5. Racine de Graminée portant un suçoir, *Suc.*, de racine de Mélampyre : *C.v*, cordon vasculaire reliant les vaisseaux, *V*, de la racine de Graminée au cylindre central, *Cy*, du suçoir.

Gui (Viscum album). — 5. Rameau femelle en fruits. — 6. Diagramme du sommet d'un rameau d'individu mâle : F_1, Feuille d'un rameau, R n, axillante pour le rameau de la génération suivante R n $+1$; *Ec*, les deux écailles opposées de R n $+1$; F_2, ses deux feuilles ; x_3, rameaux axillaires de F_2 (de génération n$+2$) ; α_1 et 2 α_2, la cyme bipare triflore du rameau R n ; P, les deux préfeuilles opposées de la fleur α_1, qui est souvent hexamère. — 7. Diagramme du sommet d'un rameau d'individu femelle : mêmes lettres que 6, et *p*, préfeuilles supplémentaires de la feuille α_1. — 8. Coupe longitudinale de la fleur mâle. — 9. Coupe transversale de la même. — 10. Une cyme femelle. — 11. Coupe d'un fruit (baie) avec graine à deux embryons : *R*, les radicules supères. — 12. Les deux embryons isolés. — 13. Coupe transversale, et 14. Coupe longitudinale d'une tige parasitée : *Co*, les coins pénétrant le bois. — 15 Jeune plant de Gui implanté sur Peuplier : *R. s-c*, racines sous-corticales d'où partent les coins. — 16. Cellules vasculaires réticulées de la tige de Gui. — 17. Germination de la graine de Gui. (D'après Schacht.)

Cuscutes. — 18. Tige de Trèfle atteinte par la Cuscute du Trèfle (*Cuscuta epithymum*). — 19. Diagramme de la fleur : *Ca*, calice ; *Co*, corolle ; *Ap.stp.*, appendices stipulaires. — 20. La fleur coupée et étalée : *Oo*, ovule ; *Sg*, stérigmate. (D'après Baillon.) — 21. Le fruit (ouvert transversalement, pyxide). — 22. Coupe longitudinale de la graine (embryon spiralé). — 23. Coupe transversale au niveau de pénétration d'un suçoir, *Sc* : *Co*, écorce de la Cuscute ; *Cyl.c*, son cylindre central ; *C.v*, cellules vasculaires de celui-ci ; *Fs*, un faisceau du Trèfle ; *M*, moelle et rayon médullaire du même. (Figure schématisée.) — 24. Cellules épidermiques de la partie adhésive d'un suçoir.

Orobanches. — 25. Diagramme de la fleur de l'Orobanche rameuse (*Phelipæa ramosa*) : *B.a*, bractée axillante ; *Pr*, préfeuilles. — 26. La fleur du même. — 27. Coupe longitudinale médiane de l'ovaire. — 28. Le fruit. — 29. La graine très grossie. — 30. La fleur de l'Orobanche du Trèfle (*Orobanche minor*) avec ses préfeuilles avortées. — 31. Jeune Orobanche rameuse développée sur une racine et montrant des rudiments de racine. (D'après M. L. Koch.) — 32. Coupe longitudinale d'une jeune *Orobanche speciosa* ayant pénétré une racine : *Or*, l'Orobanche ; *Ec*, écorce de la racine ; *Pé*, son péricycle ; *Cy.c*, son cylindre central (Schématisé, d'après M. L. Koch.)

HYPERTROPHIES ET DÉFORMATIONS
DE CAUSE ANIMALE

(Zoocécidies).

Nématodes. — 1 et 2. Racines de Caféier présentant les renflements, *N*, de taille et forme différentes, produits par l'*Heterodera radicicola*. — 3. Un renflement grossi environ 10 fois. — 4. Portion de la coupe d'une nodosité : *K*, Kystes renfermant des œufs, libres en *OE* ; en *K.v*, kystes vides. (Figures du Dr E. Gœldi.) — 5. Portion de coupe transversale dans une galle jeune produite sur le Melon par le même *Heterodera radicicola* ; *Pc.*, parenchyme cortical ; *C.v*, cellules vasculaires remplaçant le cylindre central ; *G*, cellule géante médullaire, présentant plusieurs noyaux, *N*. (D'après M. Molliard.)

Acariens (Acarocécidies). — 6. Coupe transversale d'une feuille de Vigne attaquée par le *Tetranychus telarius* qui produit sur la face inférieure de petites tubérosités où les cellules sous-épidermiques, *P.h.* sont hypertrophiées : *E.i* épiderme inférieur ; *P.l*, parenchyme lacuneux ; *P.p*, parenchyme en palissade ; *E.s.*, épiderme supérieur. — 8. Face supérieure d'une portion de feuille de Vigne présentant le gaufrage en relief de l'*Erinose* produite par le *Phytoptus Vitis*. — 9. Face inférieure de la même feuille avec les gaufrages en creux dus au même parasite. — 10. Portion d'une coupe transversale de la même feuille : *Mé*, mésophylle ; *Po*, poils résultant de l'hypertrophie des cellules épidermiques de la face inférieure ; *Po.r*, les mêmes ramifiés. — 9 *bis*. Erinose de l'Érable plane (*Acer platanoides*) produite par le *Phytoptus macrochelus* : *Po*, un poil de même origine qu'en 10. (D'après M. Fockeu.) — 10. Feuille de Poirier atteinte de la Cloque produite par le *Phytoptus Piri* (face supérieure). — 11. Coupe transversale de la même feuille au niveau d'une cloque : *e*, orifice d'entrée où pénètre l'acarien ; *L.œ*, lacunes où sont déposés les œufs. — 12. Tige de *Galium Mollugo* attaquée par le *Cecidophyes Galii* (d'après Frank) : le 4e verticille de feuilles et stipules est seul indemne. — 13. Cellules épidermiques du même : *a*, normal : *N*, noyau ; *n*, muléole. *b*, cellule épidermique d'une feuille enroulée avec noyau hypertrophié ; *V*, vacuoles ; *In*, sphéro-cristaux d'inuline. *c*, le noyau se ramifie par bourgeonnement ; *d*, le noyau s'est subdivisé par division directe. (D'après M. Molliard.)

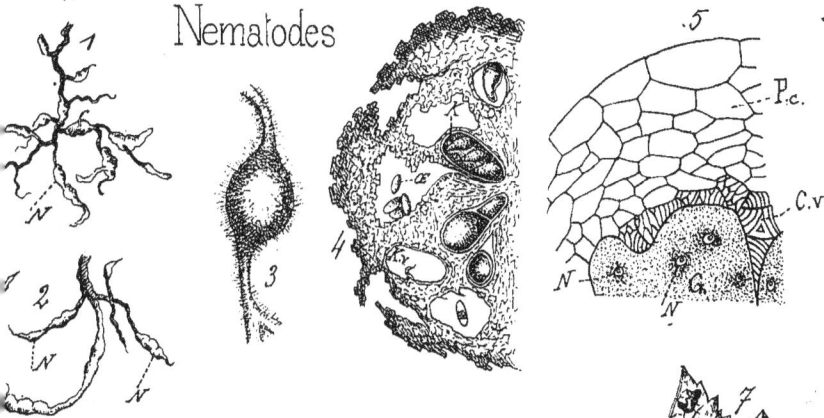

HYPERTROPHIES et DÉFORMATIONS
de CAUSE ANIMALE

Nematodes

Acariens

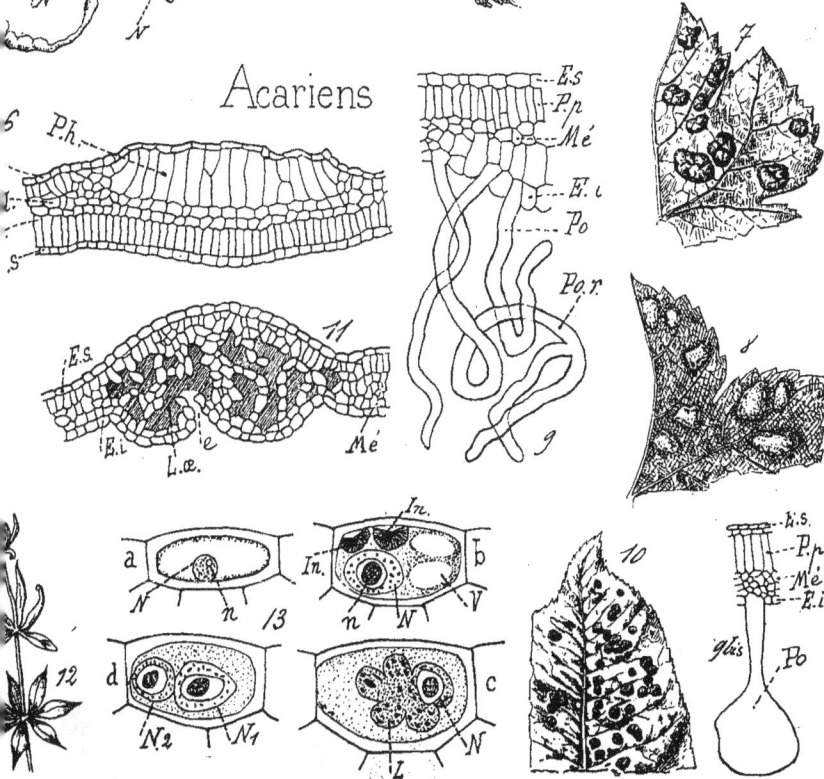

Acariens

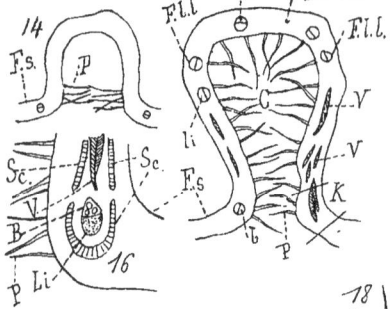

Planche LIII

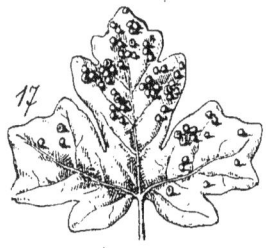

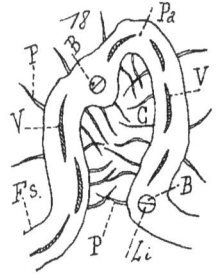

Diptères

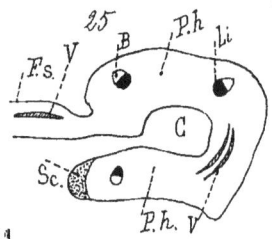

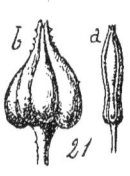

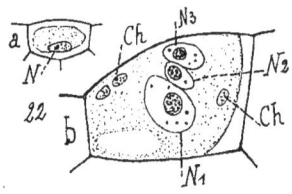

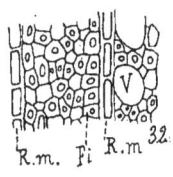

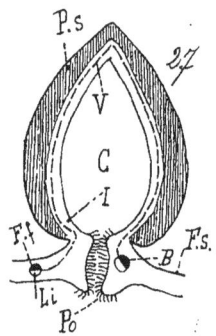

Hémiptères

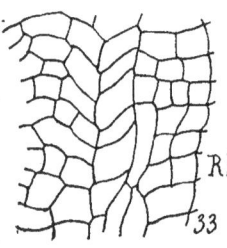

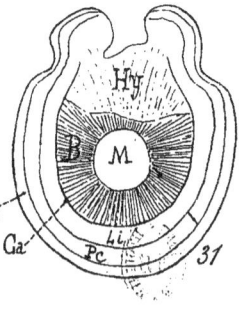

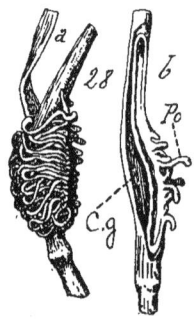

Acariens (Suite). — 14. Coupe longitudinale d'une galle (*Ceratoneon vulgare*) de *Phytoptus macrorhynchus* sur l'Érable plane : *P*, poils ; *F.e.*, face supérieure de la feuille. — 15. La même, adulte : *C*, cavité de la galle ; *F.l.l.*, faisceaux libéro-ligneux de la galle ; *V*, portion ligneuse d'un faisceau provenant de la feuille ; *li*, liber, *b*, bois ; *Pa*, parenchyme propre de la galle. — 16. Portion *K* de la figure 15 : *Sc*, portion scléreuse de la galle. (D'après M. Fockeu.) — 17. Galle de *Phytoptus macrorhynchus* sur l'Érable champêtre (face supérieure). — 18. Coupe longitudinale de la même galle grossie ; lettres de la fig. 15. — 19. Galle en clou du Tilleul (*Ceratoneon Tiliæ*), produite par le *Phytoptus Tiliæ*, sur la face supérieure.

Diptères. — 21 *a*. Étamine normale de Ravenelle (*Raphanus Raphanistrum*). En *b*, une étamine de la même déformée par le *Cecidomyia Raphanistri.* — 22 *a*. Cellule épidermique d'un filet normal d'étamine : le noyau *N* est dépourvu de nucléole ; pas de chlorophylle. En *b*, cellule épidermique du filet staminal de la même plante envahie par le même parasite : *Ch*, grains de chlorophylle apparaissant dans la cellule ; le noyau primitif, *N*, s'est subdivisé en 3 par division simple (N_1, N_2, N_3), le nucléole devient apparent, mais la membrane nucléaire est absente. (D'après M. Molliard.) — 23. Fleur de Bouillon-blanc stérilisée par le *Cecidomyia Verbasci.* — 24. Fausse galle (galloïde) de *Salix viminalis* amenant l'enroulement du limbe vers la face inférieure et produite par le *Cecidomyia marginemtorquens.* — 25. Coupe transversale dans la déformation de fig. 24 : *P.h.*, parenchyme hypertrophié de la feuille ; mêmes lettres pour le reste. (D'après M. Fockeu.) — 26. Feuille de Hêtre portant les galles de *Hormomya Fagi.* — 27. Coupe longitudinale de la même galle : *P.s.*, parenchyme sclérifié ; *F.f*, faisceau foliaire ; *V*, anneau libéro-ligneux de la galle ; *I*, parenchyme interne de la galle. (D'après M. Fockeu.) — 28. Galle de *Hormomya Poæ* sur la tige du Paturin des bois : *a*, la galle grossie entourée de poils ; *b*, la galle ouverte : *cg*, la cavité gallaire constituée aux dépens de la gaîne ; *Po*, poils naissant sur le côté opposé à la cavité gallaire. (D'après M. Prillieux.)

Hémiptères. — 29. Fleur de Moutarde sauvage déformée et stérilisée par un *Aphis* : *p*, pistil hypertrophié ; *e*, étamines avortées. — 30. Tige de Pommier portant les hypertrophies produites par le Puceron lanigère. — 31. Coupe transversale dans une de ces tumeurs : *Rh*, liège ; *P.c.* parenchyme cortical ; *Li*, liber ; *Ca*, cambium ; *B*, bois ; *M*, moelle ; *Hy*, parenchyme hypertrophié produit par l'action irritative du Puceron. — 32. Coupe transversale de bois normal de Pommier : *Fi*, fibre, *R.m*, rayon médullaire ; *V*, Vaisseau. — 33. Coupe transversale dans le parenchyme hypertrophié, *Hy*, de la fig. 31.

Hémiptères (Suite). — 34. Cloque des feuilles de Groseillier produite par un *Aphis*. — 35. Racine de Vigne attaquée par le phylloxéra : Racines hypertrophiées par places ; radicelles déformées. (D'après Max. Cornu.) — 36. Coupe transversale d'une radicelle au point d'insertion du phylloxéra : *R.pa*, partie morte ayant subi un arrêt de développement sous l'influence du phylloxéra : *E.c*, écorce de la racine ; *Cy*, cylindre central. — 37. Face supérieure de feuille de Vigne américaine montrant l'ouverture des galles phylloxériques. — 38. Face inférieure de la même feuille montrant les galles phylloxériques proéminentes. — 39. Coupe transversale d'une galle phylloxérique sur feuille de Vigne américaine : *F*, faisceau foliaire ; *C*, cavité gallaire ; *M*, portion profonde mortifiée de la galle ; *Ph*, parenchyme hypertrophié ; *V*, faisceaux libéro-ligneux de la galle. — 40. Galle de *Pemphigus bursarius* sur pétiole et rameaux jeunes de Peuplier. — 41. Galle d'*Adelges Abietis* établie sur les bourgeons d'*Epicea*. — 42. Une des écailles. — 43. Coupe d'une de ces écailles.

Hyménoptères. — 44. Galle de *Dryophanta folii*, Cynipide agame, sur les feuilles de Chêne pédonculé. — 45. Galles de *Dryophanta Taschenbergii*, forme sexuée du précédent (44), sur les bourgeons du même Chêne. — 46. Une galle isolée du précédent (45). — 47. Galle de *Neuroterus numismatis*, Cynipide agame, sur Chêne pédonculé (face inférieure de la feuille). — 48. Coupe longitudinale de cette galle : *Ep*, épiderme supérieur ; *O*, ombilic répondant à la place de la piqûre de l'insecte ; *Su*, liège cicatriciel ; *P.a*, parenchyme amylacé ; *T.s*, Couche de cellules sclérifiées ; *T.a*, masse alimentaire, servant de nourriture à la larve ; *C*, cavité gallaire ; *V*, faisceaux de la galle. (Schématisé, d'après M. Fockeu.) — 49. Coupe longitudinale de la même galle grossie (mêmes lettres). — 50. Schéma de l'origine des faisceaux libéro-ligneux de la galle : *m.v.*, maille vasculaire au centre de laquelle l'insecte a fait une piqûre et déposé son œuf ; *c.g*, cercle libéro-ligneux de la base de la galle, duquel partent les faisceaux *V* de la figure 48. — 51. Cellule vasculaire de *V* (fig. 48). — 52. Galle de *Rhodites Rosae* (Cynips du Bédéguar), sur Rosier cultivé. — 53. Coupe longitudinale de la même montrant les cavités gallaires. — 54. Un appendice externe ramifié de la galle.

Coléoptères. — 55. Galles de *Centorhynchus sulcicollis* sur le collet d'un navet ; à droite, une galle ouverte montrant les cavités gallaires. — 56. Portion grossie schématisée d'une coupe dans la galle : *C.*, la cavité gallaire ; *R*, tissu rongé par la larve ; *F*, faisceaux normaux de la racine ; *F.g*, faisceaux gallaires de nouvelle formation ; *Hy*, cellules constituant l'hypertrophie gallaire.

Hémiptères

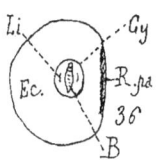

Li
Gy
Ec.
R.ﬁﬂ
B
36

34

35

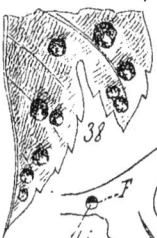

38

37

41

43

42

Po
F
C
Ph
Fs,
hi
V
M
Ph
V
39

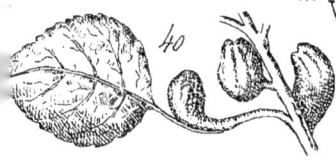

40

Hyménoptères

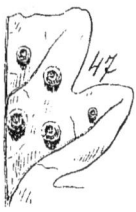

47

c.g   m.v
an.
50

54

Coléoptères

Ep.
Su
Pa.
49
T.s.
T.a.

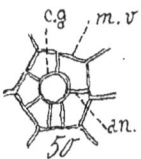

53

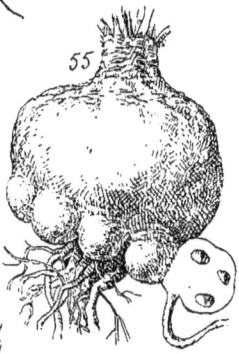

55

46   45

T.a.
T.s.   Ep.   Su
O
C
Pa
48
V   F.f.   T.s.   Fs

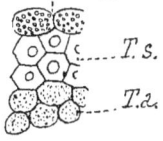

51

52

C   R
Hy
rg
F   56

7

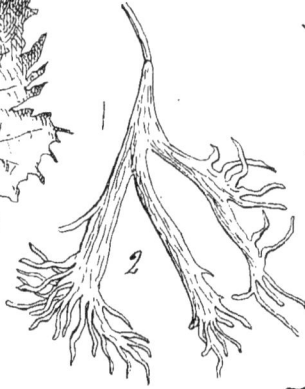

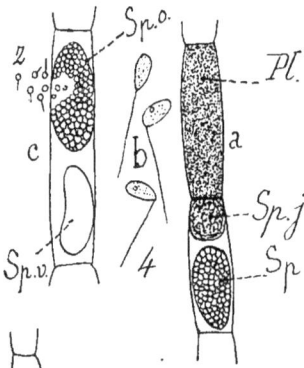

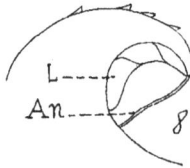

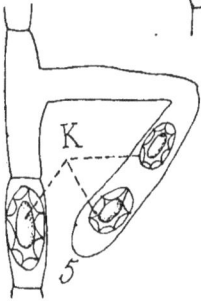

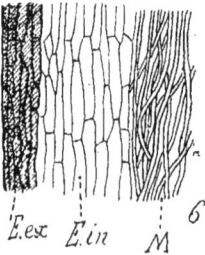

Roncet de la Vigne.

1. 2. 3. Feuilles de Vigne montrant les déformations caractéristiques du Roncet.

Brûlure du Lin.

Produite par l'*Asterocystis radicis* de Wildeman.
(Chytridinée.)

4. *a*. Cellules du parenchyme cortical de la racine du Lin : *Pl.*, thalle plasmodiforme du parasite remplissant une cellule ; *Sp.j.*, zoosporange d'apparence spumeuse, non encore différencié, mais entouré d'une membrane ; *Sp*, zoosporange rempli de zoospores. — *b*, zoospores uniciliées, isolées. (Grossissement 1100 environ.) — *c*. Une cellule renfermant un zoosporange, *Sp.o*, qui met ses zoospores, *z*, en liberté, et en même temps un autre zoosporange, *Sp.v*, qui a expulsé ses zoospores.

5. — Cellules d'un poil radiculaire renfermant des kystes, *K*. Ils germent comme les zoosporanges, en produisant les mêmes zoospores uniciliées.

(D'après M. Ém. Marchal.)

Agaricus melleus (*Armillaria mellea*) Flora danica.

(Basidiomycète.)

6. — Coupe longitudinale du rhizomorphe souterrain : *E.ex*, portion externe de la portion corticale avec ses cellules à parois noires, épaissies ; *E.in*, portion interne de la partie corticale (cellules à parois transparentes et minces) ; *M*, portion centrale hyaline formée de filaments à peu près parallèles.

Agaricus [Pholiota] destruens de Brondeau

attaquant le tronc des Peupliers.
(Basidiomycète.)

7. — Fruits du Champignon sur le tronc d'un Peuplier abattu.

8. — Coupe longitudinale d'un chapeau jeune : *L*, lame ; *An*, anneau non encore déchiré.

Polyporus fulvus Fries.

9. — Coupe transversale de bois de Prunier entièrement désorganisé par le mycélium, *M*, du champignon : *R*, rayon médullaire primaire ; *r*, rayon médullaire secondaire ; *Fi*, fibres du bois (dissociées) ; *v*, vaisseaux (souvent remplis de mycélium à filaments très grêles, *m*.)

Urédinées.

10. — Schéma de la formation des æcidiolospores (spermaties). — I. Filament fertile, *Fi*, avec son noyau unique, *N*. — II. Début de la différenciation de l'æcidiolospore, par étranglement du filament au sommet avec division indirecte du noyau. — III. L'æcidiolospore, *Spg*, à un seul noyau, *N*, est différenciée. (Sur *Uromyces Erythronii*, De Candolle, d'après M. Sappin-Trouffy.)

11. — Schéma de la formation des æcidiospores : *Stg*, stérigmates à deux noyaux, en voie de division et produisant à son sommet de dedans en dehors les cellules-mères d'æcidiospores ; *c.m.j.* cellule-mère d'æcidiospore jeune, non séparée encore du stérigmate par une cloison ; *c. m.*, cellule-mère d'æcidiospore à 2 noyaux, se divisant en même temps que ses 2 noyaux et produisant deux cellules superposées et chacune à 2 noyaux : la supérieure plus grosse est l'æcidiospore, *Æ*, et l'inférieure plus petite, la cellule intermédiaire, *C.i.* (Sur *Uromyces Erythronii* De Candolle, d'après M. Sappin-Trouffy.)

11 *bis*. — Æcidiospore mûre du *Puccinia graminis* : *Ep*, épispore ; *End*, endospore ; *N*, les 2 noyaux.

12. — Schéma de la formation des urédospores sur l'*Uromyces Betæ* Persoon : I. Cellule terminale d'un filament mycélien, à 2 noyaux. — II. Formation de la cellule-mère d'urédospore par bourgeonnement terminal de la cellule (I) avec division indirecte des 2 noyaux. — III. Différenciation de l'urédospore par division transversale de la cellule-mère *C.m.u* de (II) : *Pé*, pédicelle ; *Ur.*, urédospore (tous deux à 2 noyaux). (D'après M. Sappin-Trouffy.)

13. — Urédospores de *Puccinia graminis*. Mêmes lettres que 11 *bis*.

14. — Germination d'une urédospore, *Ur*, de *Puccinia graminis* par un filament pénétrant la feuille de Blé par l'ostiole d'un stomate, *St*. (D'après M. Plowright.)

15. — Germinations anormales d'urédospores de *Puccinia graminis*, *Ur*, par production, à l'extrémité du filament germinatif, de vésicules, *Vé*, qui parfois (*Vé.K*) épaississent leur paroi et prennent 2 ou 4 noyaux. (D'après M. Sappin-Trouffy.)

16. Schéma de la maturation des téleutospores de *Puccinia graminis*. — I, Les téleutospores jeunes, formées par le même procédé que les urédospores (fig. 12), ont leurs cellules munies de 2 noyaux. — II. Téleutospore adulte : Les 2 noyaux de chaque cellule se sont fusionnés en un seul : Fécondation pour M. Dangeard. (D'après M. Sappin-Trouffy.)

Gui (*Viscum album*).

17. — Coupe longitudinale dans un tronc d'Épicéa, montrant les perforations faites par les suçoirs du Gui.

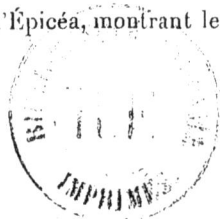

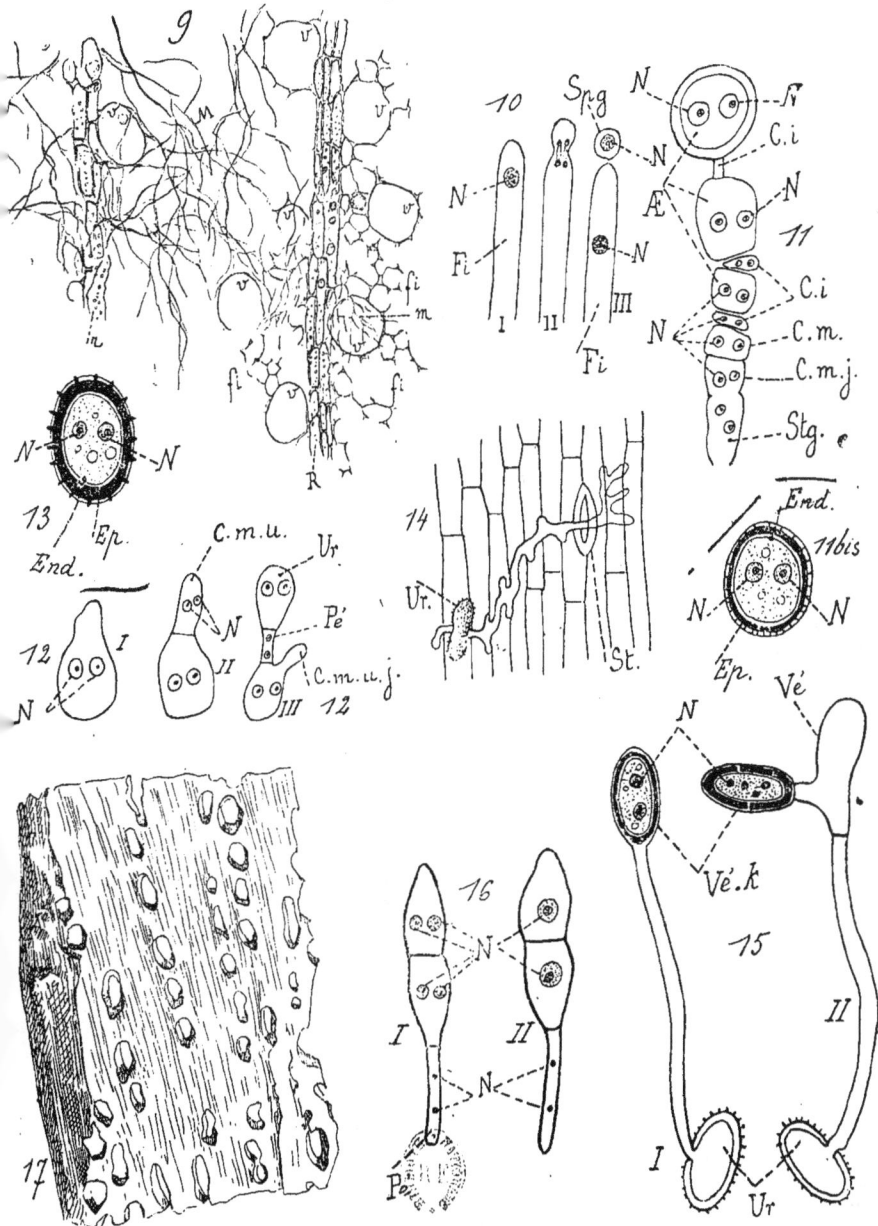

9

10 — *Spg* — *N* — *N* — *C.i* — *N* — *11*

N — *Fi* — *N* — *Æ* — *C.i* — *N* — *C.m* — *C.m.j* — *Stg.*

I — *II* — *III* — *Fi*

13 — *N* — *N* — *Ep.* — *End.*

14 — *Ur.* — *St.*

End. — *11bis* — *N* — *N* — *Ep.* — *Vé.*

C.m.u. — *Ur.* — *N* — *Pé* — *C.m.u.j.* — *12*

12 — *N* — *I* — *II* — *III*

N — *N* — *Vé.k.* — *15*

17 — *16* — *N* — *N* — *I* — *II* — *Pé* — *I* — *II* — *Ur.*

TABLE ALPHABÉTIQUE DES MATIÈRES

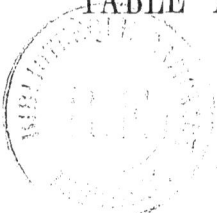

TABLE DES MATIÈRES

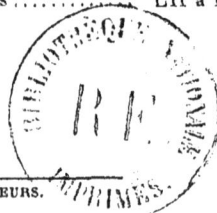

MACON, PROTAT FRÈRES, IMPRIMEURS

www.ingramcontent.com/pod-product-compliance
Lightning Source LLC
Chambersburg PA
CBHW050608210326
41521CB00008B/1163